Der EASA Part 21/G (Herstellung)

Martin Hinsch

Der EASA Part 21/G (Herstellung)

Die Herstellung im europäischen Luftrecht für behördlich genehmigte Betriebe und deren Zulieferer

2. Auflage

Springer Vieweg

Martin Hinsch
AeroImpuse GmbH
Hamburg, Deutschland

ISBN 978-3-662-68178-7 ISBN 978-3-662-68179-4 (eBook)
https://doi.org/10.1007/978-3-662-68179-4

Die Deutsche Nationalbibliothek verzeichnet diese Publikation in der Deutschen Nationalbibliografie; detaillierte bibliografische Daten sind im Internet über http://dnb.d-nb.de abrufbar.

Planung/Lektorat: Michael Kottusch
Springer Vieweg ist ein Imprint der eingetragenen Gesellschaft Springer-Verlag GmbH, DE und ist ein Teil von Springer Nature.
Die Anschrift der Gesellschaft ist: Heidelberger Platz 3, 14197 Berlin, Germany

Das Papier dieses Produkts ist recyclebar.

Vorwort zur 2. Auflage

Nachdem der Part 21 mit dem neuen Safety Management nun formal als Verordnung herausgegeben wurde und auch das zugehörige Guidance Material und die AMC final vorliegen, erschien eine Neuauflage notwendig.

Es wurden einige Anpassungen erforderlich, weil es gegenüber der NPA zu einigen Änderungen gekommen ist. In diesem Zuge wurde der gesamte Text an vielen Stellen überarbeitet, mit dem Ziel, inhaltliche Ungenauigkeiten zu reduzieren und den Lesefluss zu verbessern.

Nicht zuletzt wurde das Werk um einige Abschnitte erweitert. Um dem Leser ein besseres Gesamtverständnis des Part 21/G im Zulassungsprozess zu bieten, ist nun das Zusammenspiel zwischen dem Part 21/J zur Entwicklung und dem Part 21/G mit dem Abschn. 1.3 ein eigenes Kapitel gewidmet. Neu ist auch Abschn. 1.4, das die Gemeinsamkeiten, Unterschiede und Wechselwirkungen zwischen der EN 9100 und dem Part 21/G darstellt. Auch auf ETSO Teile wird in dieser Auflage tiefergehend eingegangen.

Ich danke Adrian Martins sowie Caroline Berlinger für ihr Feedback und die wertvollen Hinweise bei der Erstellung dieser Auflage.

Für Fragestellungen und Herausforderungen rund um den Part 21, die die Tiefe dieser Lektüre überschreiten, unterstütze ich Betriebe über meine Unternehmensberatung AeroImpulse GmbH wie gewohnt bei der Lösungsfindung.

Hamburg
Frühjahr 2024

Prof. Dr. Martin Hinsch

Vorwort

Betriebe, die in Europa luftfahrttechnische Produkte herstellen, müssen behördlich zugelassen sein und die gesetzlichen Verordnungen der EU-Kommission einhalten. Zudem müssen Sie die ergänzenden Umsetzungsvorgaben der Europäischen Luftfahrtbehörde EASA und weitere Vorgaben der nationalen Luftfahrtbehörden beachten. Dabei unterliegen diese Herstellungsbetriebe einer ständigen Aufsicht durch die nationalen Luftaufsichtsbehörden, die die Einhaltung der zahlreichen Anforderungen laufend überwachen. Gleiches gilt indirekt auch für deren Zulieferer, da diese unter dem Qualitäts- und Safety Management System der behördlich zugelassenen Herstellungsbetriebe arbeiten müssen.

Ziel dieses Buchs ist es, mehr Licht in die gesetzlichen und behördlichen Vorgaben zur luftfahrttechnischen Herstellung nach EASA Part 21/G zu bringen. Dieses Buch soll dabei helfen, ein tiefgreifendes Verständnis für die Anforderungen an die Herstellung im europäischen Luftrecht zu schaffen. Der Leser soll die notwendigen Strukturen und Abläufe in Betrieben der luftfahrttechnischen Herstellung kennenlernen und verstehen. Das Bedürfnis dieses Buch zu schreiben, war umso größer, da EU-Parlament und EASA dieser Tage eine der größten Änderungen der vergangenen Jahre veröffentlicht haben.

Gesetzestexte sind nur selten leicht zu verstehen. Hinzu kommt, dass die Umsetzungshinweise in den AMC und im Guidance Material nur in englischer Sprache verfügbar sind und den Spaß am Lesen nicht eben verbessern. Dieses Buch soll den EASA Part 21/G für die Betroffenen zugänglicher machen, indem die Anforderungen in die Sprache des betrieblichen Alltags übersetzt wurden. Jeder einzelne Abschnitt des Part 21/G wird dazu thematisiert und mit allen wesentlichen Neuerungen beschrieben. Der Einfachheit halber ist der Text soweit sinnvoll analog des Part 21/G gegliedert. Das neue Safety Management wird gesondert in Kap. 1 und 5 erklärt. Hierzu ergänzende Hinweise sind in den übrigen Kapiteln grau hinterlegt.

Den Fokus bildet das C-Rating, also die Bauteilherstellung. In diesem Buch wird zwar auch auf alle Anforderungen des A- und B-Ratings eingegangen, jedoch weniger detailliert, da die Anzahl der betroffenen Betriebe für diese beiden Ratings im deutschsprachigen Raum gering ist. Auch die ELA-Besonderheiten für nicht-komplexe Luftfahrzeuge werden nur am Rande thematisiert. Geeignet ist das Buch jedoch als Hilfestellung für den DEMAR Teil 21/G.

Da gesetzliche Vorgaben betriebliche Realitäten oft nur allgemein und nicht aber bis ins Detail regeln können, müssen wir damit leben, dass es Interpretations- und Umsetzungsspielräume gibt. Dies führt aber auch dazu, dass die Wahrnehmung und Beurteilung eines Betriebsprüfers von den in diesem Buch gemachten Tipps und Hinweisen vereinzelt abweichen kann.

Wenn im Folgenden geeignete Umsetzungshinweise gegeben werden, so handelt es sich hier um Erfahrungswerte, aus den gesammelten Erfahrungen im betrieblichen Alltag. Am Ende jedoch verbleibt die Verantwortung, die luftrechtlichen und behördlichen Vorgaben zu interpretieren, bei jedem selbst. Insoweit ist dieses Buch nur eine Additive, jedoch keine Alternative zu den Originaltexten.

Ich wünsche viel Spaß und gute Impulse beim Lesen! Auf Ihr Feedback zu den Erfahrungen mit den Informationen und Anregungen dieses Buchs freue ich mich feedback@aeroimpulse.de.

Hamburg
im Herbst 2022

Prof. Dr. Martin Hinsch

Inhaltsverzeichnis

Abkürzungsverzeichnis

AD	Airworthiness Directive
AltMoc	Alternative Means of Compliance (21.A.134A)
AMC	Acceptable Means of Compliance
Ansi	American National Standards Institute
APU	Auxiliary Power Unit (Hilfstriebwerk)
ASTM	American Society for Testing and Materials
ATP	Acceptance Test Procedure
BAZL	Bundesamt für Zivilluftfahrt (Schweiz)
CoC	Certificate of Conformity
DACH	Deutschland (D), Österreich / Austria (A), Schweiz (CH)
DAL	Design Assurance Level
DDA	Direct Delivery Authorisation
DEMAR	Deutsche – European Military Airworthiness Requirements (DEMAR)
DIN	Deutsche Industrienorm
DSGVO	Datenschutz Grundverordnung
DO	Design Organisation
EASA	European Aviation Safety Agency
EDA-Kosten	Kosten, die „eh da" sind, also in jedem Fall anfallen
ELA	European Light Aircraft
EN	Europäische Norm
EPA	European Parts Approval
ESD	Electrostatic Discharge (Elektrostatische Entladungen)
ETSO	European Technical Standard Order
FAA	Federal Aviation Administration (amerikanische Luftfahrtbehörde)
FAI	First Article Inspection (Erstmusterprüfung)
Femi	Fertigungsmittel
FOD	Foreign Object Debris (Fremdkörperkontrolle)
FTOM	Flight Test Operating Manual
GM	Guidance Material
ICAO	International Civil Aviation Organization (Unterorganisation der UNO)

IFE	Inflight Entertainment
IPO	Intermediate Production Organisation
KPI	Key Performance Indicator
LBA	Luftfahrt-Bundesamt
LTA	Lufttüchtigkeitsanweisung
LufABw	Luftfahrtamt der Bundeswehr
LuftKostV	Luftkostenverordnung
MEL	Minimum Equipment List
NDT	Non Destructive Testing (Zerstörungsfreie Materialprüfung)
NfL	Nachrichten für Luftfahrer
PFMEA	Process Failure Mode and Effects Analysis
OEM	Original Equipment Manufacturer
OFI	Opportunity for Improvement
PMS	Produktionsmanagement System
PO	Production Organisation (Herstellungsbetrieb)
POE	Production Organisation Exposition (Herstellungsbetriebshandbuch)
QMS	Qualitätsmanagement System
QS	Qualitätssicherung
QSV	Qualitätssicherungsvereinbarung
SIB	Service Information Bulletin
SMS	Safety Management System
SUP	Suspected unapproved Parts (Teile zweifelhafter Herkunft)
TCDS	Type Certificate Data Sheet

Einführung in das zivile europäische Luftrecht

1

1.1 Aufbau des EASA-Regelwerks[1]

Die EU hat Regeln erlassen, die die Entwicklung, Herstellung, Instandhaltung und den Betrieb von luftfahrttechnischen Produkten innerhalb ihres Verantwortungsbereichs in einheitlichen und sicheren Bahnen lenken. Die Einhaltung dieser Vorgaben muss durch alle Betriebe sichergestellt werden, die auf einem der genannten Gebiete tätig sind.

Diese Bestimmungen haben als Executive Decision den legislativen Entscheidungsprozess der EU durchlaufen und weisen somit Gesetzescharakter auf. Anders als die meisten EU-Beschlüsse gelten Änderungen an diesem Regelwerk unmittelbar für alle Mitgliedsstaaten, ohne dass die Länderparlamente ihre Zustimmung erteilen müssen.

Das EASA-Regelwerk für luftfahrtindustrielle Betriebe ist mehrstufig aufgebaut und unterscheidet zwischen einer **Grundsatzverordnung** ***(Basic Regulation)*** sowie untergeordneten **Durchführungsbestimmungen** ***(Implementing Rules).***

Die Basic Regulation definiert den Aufbau des eigentlichen Regelwerks in Form des Geltungsbereichs, der Ziele und Begriffe. Zudem gibt die Grundsatzverordnung die Organisationsstruktur der EASA als Behörde vor.

Die Durchführungsbestimmungen sind weiterführend und geben den Luftfahrtbetrieben und auch den Behörden unmittelbare Vorgaben im Hinblick auf Anforderungen und Verfahren des jeweiligen technischen Betrachtungsfelds (z. B. Herstellung oder Entwicklung). Abb. 1.1 gibt einen Überblick über alle EASA-Implementing Rules.

Für die Herstellung ist die Durchführungsbestimmung *Erstmalige Lufttüchtigkeit zur Erteilung von Lufttüchtigkeits- und Umweltzeugnissen für Luftfahrzeuge, zugehörige*

[1] Vgl. auch Hinsch (2022, Abschn. 3.1).

M. Hinsch, *Der EASA Part 21/G (Herstellung)*,
https://doi.org/10.1007/978-3-662-68179-4_1

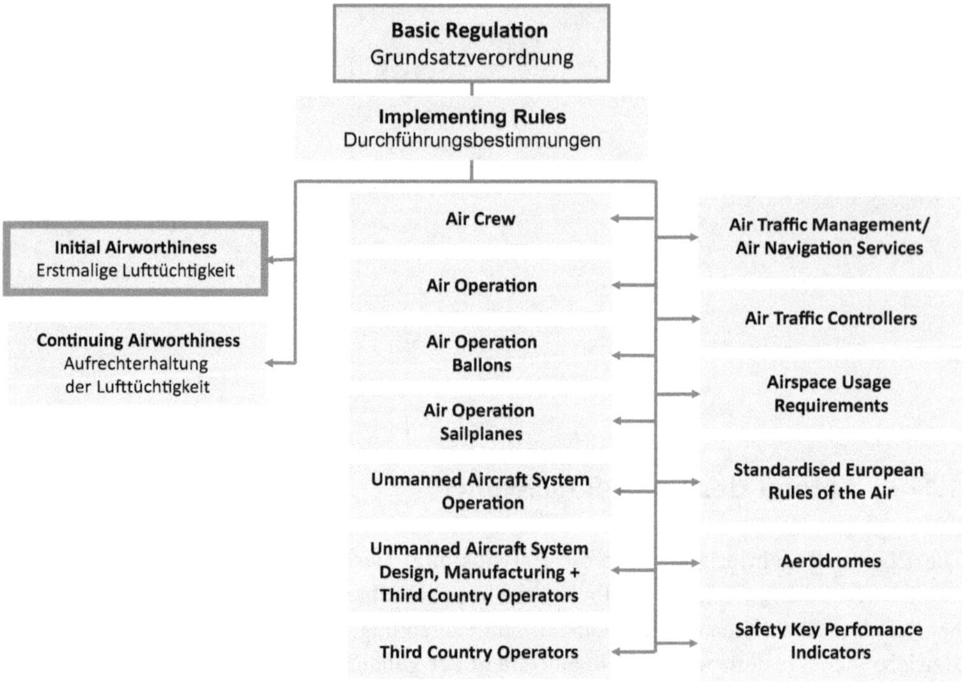

Abb. 1.1 EASA Basis-Regelwerk

Erzeugnisse, Teile und Ausrüstungen sowie für die Zulassung von Entwicklungs- und Herstellbetrieben (Implementing Rule Initial Airworthiness) relevant. Die Anforderungen an die Herstellung sind in dieser Rule im Part 21 Subpart G (kurz: Part 21/G) definiert.

Die Durchführungsbestimmung *Erstmalige Lufttüchtigkeit* ist in **Teile *(Parts)*, Hauptabschnitte *(Sections)*** und **Abschnitte *(Subparts)*** unterteilt. Während die Hauptabschnitte den Adressatenkreis festlegen, bestimmen die Teile und Abschnitte die inhaltliche Schwerpunktlegung der darin aufgeführten Gesetzestexte. Dieser ist jeweils grob aus dem Titel erkennbar.

Die Hauptabschnitte werden jeweils in A- und B-Abschnitte untergliedert. Während die A-**Abschnitte** technische Anforderungen an die Betriebe vorgeben, sind in den B-Abschnitten ausschließlich Verfahren für die zuständigen Behörden festgelegt.[2] Aus betrieblicher Sicht sind somit ausschließlich die jeweiligen A-Abschnitte der Implementing Rules (IR) von Bedeutung.

Die Implementing Rules enthalten zudem Anhänge *(Appendices)*, Formblätter (z. B. Muster/Vorlagen) und spezielle Anforderungen (z. B. Ausfüllanleitungen).

[2] Eselsbrücke: A = Antragsteller, Hauptabschnitt für B = Behörde.

Für dieses Buch ist ausschließlich die Durchführungsbestimmung zur erstmaligen Lufttüchtigkeit *Implementing Rule Initial Airworthiness* relevant. Abb. 1.2 zeigt dessen Grundstruktur. Die Vorgaben für die luftfahrttechnische Herstellung sind im Part 21 (vgl. Tab. 1.1) und dort im Subpart G, kurz: Part 21/G festgelegt. Darüber hinaus müssen die Anforderungen des Subpart A berücksichtigt werden.

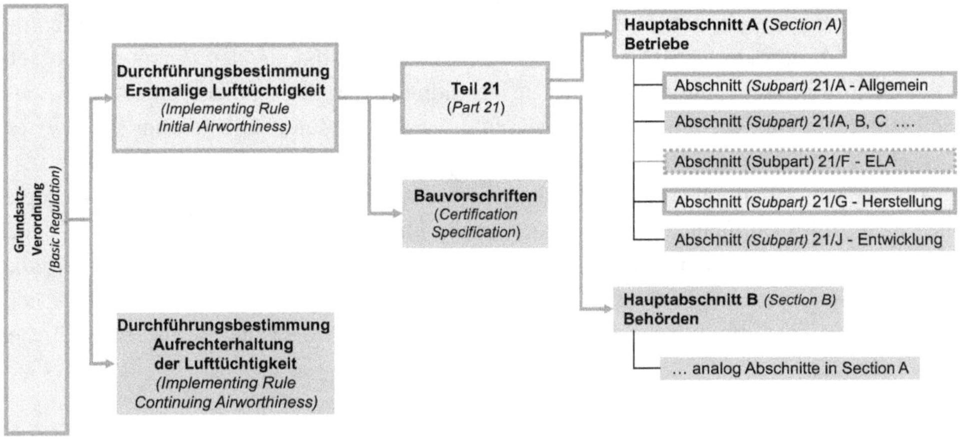

Abb. 1.2 Aufbau des für dieses Buch relevanten EASA-Regelwerks

Tab. 1.1 Abschnitte (Subparts) des Part 21 (Durchführungsbestimmung *Initiale Lufttüchtigkeit*)

Subparts des Part 21	Inhalt
A	Allgemeine Bestimmungen
B	Musterzulassungen und eingeschränkte Musterzulassungen
D	Änderungen an Musterzulassungen und eingeschränkte Musterzulassungen
E	Ergänzende Musterzulassungen
F	Herstellung ohne Genehmigung als Herstellungsbetrieb
G	Genehmigung als Herstellungsbetrieb
H	Lufttüchtigkeitszeugnisse und eingeschränkte Lufttüchtigkeitszeugnisse
I	Lärmschutzzeugnisse
J	Genehmigung als Entwicklungsbetrieb
K	Bau- und Ausrüstungsteile
M	Reparaturen
O	Zulassung gem. Europäischer Technischer Standardzulassung (ETSO)
P	Fluggenehmigung (Permit to fly)
Q	Kennzeichnung von Produkten, Bau- und Ausrüstungsteilen

Die Durchführungsbestimmung wird um Umsetzungsvorgaben ergänzt. Unterschieden wird zwischen dem **Guidance Material** (GM) und den Acceptable Means of Compliance (**AMC**).[3] Diese Umsetzungsvorgaben werden – anders als die Implementing Rules – nicht von der EU, sondern direkt von der EASA herausgegeben. In der Praxis genießen die AMC und GM quasi-verbindlichen Charakter, daher wird im EASA-Jargon auch der Begriff des Soft Laws verwendet. Die Betriebe haben bei enger Orientierung am Guidance Material und an den Acceptable Means of Compliance Gewissheit, dass ihr Handeln in Übereinstimmung mit den Vorschriften steht. Da Abweichungen von den Empfehlungen des GM oder der AMC zwar theoretisch möglich sind, in der Praxis jedoch sehr solide begründet sein müssen, bilden betriebsindividuelle Auslegungen einzelner EASA-Empfehlungen eher die Ausnahme. AMC und Guidance Material liegen nur für etwa ein Drittel bis die Hälfte aller EASA-Regeln vor.

Eine klare inhaltliche Unterscheidung zwischen Guidance Material und Acceptable Means of Compliance gestaltet sich nicht immer einfach. Grundsätzlich soll das GM erläuternden Charakter haben und weiterführende Informationen geben, ohne aber unmittelbare Umsetzungsvorgaben zu formulieren. Demgegenüber enthalten die Acceptable Means of Compliance im Normalfall konkrete Anweisungen zur betrieblichen Anwendung.

Teil 21 bei der Bundeswehr (DEMAR)
Der Part 21 wurde vor einigen Jahren auch von der Bundeswehr fast vollständig übernommen und um spezifische Anforderungen des Luftfahrtamts der Bundeswehr (LufABw) erweitert und unter dem Titel DEMAR 21 veröffentlicht.

1.2 Part 21/G – Herstellung

Bei der luftfahrttechnischen Herstellung handelt es sich um alle Aktivitäten, die mit der Fertigung von Flugzeugen, Triebwerken sowie Bau- und Ausrüstungsteilen im unmittelbaren Zusammenhang stehen.

Nur behördlich genehmigte Herstellungsbetriebe (Production Organisation – PO) nach Part 21/G dürfen luftfahrttechnische Erzeugnisse herstellen und mit einer EASA Form 1 die Lufttüchtigkeit von Bauteilen bzw. mit einer Form 52 die Konformität von Luftfahrzeugen bescheinigen.

Der Betrieb muss seine Befähigung zur Herstellung nach Part 21/G gegenüber der Behörde nachgewiesen haben. Dazu muss eine Genehmigung der EASA vorliegen und die Herstellungsaktivitäten müssen durch den behördlichen Genehmigungsumfang gedeckt sein.

[3] Während die Gesetzestexte (Implementing Rules inkl. Parts und Subparts) in allen EU-Landessprachen vorliegen, sind GM und AMC ausschließlich in englischer Sprache verfügbar.

Herstellung im Sinne des Part 21/G darf nur auf Basis freigegebener Entwicklungsunterlagen (Design Data) eines 21. J-Entwicklungsbetriebs erfolgen. Herstellungsbetrieben ist es daher nicht gestattet, luftfahrttechnische Erzeugnisse „auf eigene Faust" zu konstruieren und anschließend herzustellen. Dies gilt auch für kleinere Verbesserungen. Der Herstellungsbetrieb kann nämlich abschließend nicht beurteilen, ob durch die Veränderungen Anforderungen an die Bauteilqualifikation nicht mehr erfüllt werden. Auf die Diskussion, dass dies im betrieblichen Alltag wohl doch gelegentlich durch den Herstellungsbetrieb möglich wäre, lässt sich das EASA Regelwerk nicht ein. Hier eine klare Trennlinie zu ziehen, was ein Herstellungsbetrieb in der Praxis vielleicht doch selbst konstruieren oder ändern könnte, ist kaum möglich. So verbleiben sämtliche Konstruktionsaktivitäten ausnahmslos beim nach Part 21/J genehmigten Entwicklungsbetrieb.

Ein Herstellungsbetrieb darf grundsätzlich keine Instandhaltung an den eigenen Bauteilen vornehmen. Dazu bedarf es einer zusätzlichen Genehmigung als Instandhaltungsbetrieb gemäß EASA Part 145. Eine Ausnahme bilden Instandhaltungsarbeiten im Rahmen der Herstellung vor Auslieferung der hergestellten Erzeugnisse.

Die operative Zuständigkeit für Herstellungsbetriebe liegt bei den nationalen Luftaufsichtsbehörden, in Deutschland also beim Luftfahrt-Bundesamt (LBA), in Österreich bei Austro Control und in der Schweiz beim Bundesamt für Zivilluftfahrt (BAZL). Im deutschsprachigen Raum (DACH) gibt es Stand 2024 knapp 200 genehmigte Herstellungsbetriebe.

ELA

Für Herstellungsbetriebe, die Produkte und Bauteile in der Klasse der *European Light Aircraft* (ELA) herstellen, gilt nicht der Part 21/G, sondern seit 2023 der Part L, der reduzierte Verfahren vorsehen bzw. eine vereinfachte Nachweisführung zulässt.[4] Diese ELA-Vorgaben des Part L sind anwendbar für Herstellungsbetriebe von

- kleinen Sportflugzeugen
- Segelflugzeugen sowie
- Ballonen und Luftschiffen

Diese Vereinfachungen gelten für die entsprechenden Luftfahrzeug- wie auch für deren Bauteilhersteller, sofern diese Luftfahrzeuge nicht als komplex klassifiziert wurden.

[4] Eine Definition findet sich in der Cover-Regulation zum Part 21 Art. 1 (2) (i) und (j).

Luftfahrttechnische Betriebe mit nationaler Betriebsgenehmigung[5]

Neben den bisher betrachteten Herstellungsbetrieben mit EASA-Genehmigung existieren vergleichbare nationale Pendants. Es gibt also Herstellungsbetriebe, die nach nationaler Rechtslage zugelassen werden.

Unmittelbare Rechtsgrundlage bildet hier nicht die EASA Implementing Rule *Initial Airworthiness,* sondern nationales Recht entsprechend der Verordnung zur Prüfung von Luftfahrtgerät (LuftGerPV).

Diese nationalen Betriebsgenehmigungen kommen bei historischen Luftfahrzeugen (z. B. bis 2019 die Ju 52 der Lufthansa) und bei nicht-militärischen Special-Mission Aircraft, z. B. für Forschungs- und Versuchszwecke zur Anwendung. Sie werden als Annex 1 Luftfahrzeuge bezeichnet und sind im sog. „blauen Buch" des LBA gelistet.

Eine nationale Genehmigung für die betroffenen Herstellungsbetriebe ist nur dann möglich, wenn bereits die entsprechenden Konstruktionsdaten nach nationalem Recht vom LBA genehmigt wurden.

Im betrieblichen Alltag spielt die Unterscheidung zwischen diesen beiden Betriebsarten nur eine untergeordnete Rolle, da nämlich die LuftGerPV unmittelbar auf die jeweils anwendbaren EASA-Regularien (z. B. EASA Part 21) verweist. Jedoch müssen nationale Betriebe separate Betriebshandbücher (HB) und Formblätter (z. B. LBA Form 1) nachweisen und anwenden. Zudem werden Betriebe mit nationaler Genehmigung auch dann nochmals behördlich gesondert überwacht (inkl. Audits), wenn diese bereits eine entsprechende EU-Betriebsgenehmigung halten.

Ab Kap. 2 dieses Buchs werden die Vorgaben des Part 21 Subpart G zusammenfassend wiedergegeben. Eine Übersicht gibt Tab. 1.2.

1.3 Zusammenspiel zwischen Herstellung und Entwicklung

Ein Herstellungsbetrieb (Production Organisation – PO) kann und darf nie allein am Markt agieren. Dieser braucht immer von einem Entwicklungsbetrieb (Design Organisation – DO) freigegebene Konstruktionsunterlagen wie etwa Zeichnungen, Schaltpläne, Materialspezifikationen, Prüfanweisungen, etc.

[5] Vgl. Hinsch (2022, S. 17).

Tab. 1.2 Paragraphen des Part 21, Subpart G (Herstellung)

Abschnitt	Titel/Inhalt
21.A.131	Umfang
21.A.133	Berechtigung
21.A.134	Beantragung
21.A.134A	Alternative Nachweismethoden
21.A.135	Ausstellung der Genehmigung als Herstellungsbetrieb
21.A.139	Produktionsmanagementsystem (Abschnitt wurde umbenannt)
21.A.143	Selbstdarstellung
21.A.145	Ressourcen (Abschnitt wurde umbenannt)
21.A.147	Änderungen an zugelassenen Herstellungsbetrieben
21.A.148	Standortänderungen
21.A.149	Übertragbarkeit
21.A.151	Genehmigungsbedingungen
21.A.153	Änderung von Genehmigungsbedingungen
21.A.158	Meldung von Verstößen
21.A.159	Laufzeit und Fortdauer
21.A.163	Vorrechte
21.A.165	Pflichten des Inhabers

Während nämlich ein Herstellungsbetrieb für die Herstellung und Freigabe luftfahrttechnischer Erzeugnisse zuständig ist, fallen Entwicklungsbetrieben die folgenden Aufgaben zu:

- Erstellung oder Änderung von Konstruktionsunterlagen für Herstellung sowie Erstellung oder Änderung von Betriebs- und Instandhaltungsvorgaben (Handbücher/Manuals),
- Identifikation, Zuordnung und Interpretation der Bauvorschriften und bei Triebwerken auch den Umweltvorgaben,
- Nachweiserbringung, dass die Konstruktion/das Design sicher ist und den Bauvorschriften sowie bei Triebwerken auch den Umweltvorgaben entspricht,
- Vorbereitung und Beantragung behördlicher Zulassungen.

Auf Basis dieser Aktivitäten erteilt die Luftaufsichtsbehörde (Abb. 1.3)

- eine Musterzulassungen für die beantragte Luftfahrzeugbaureihe inkl. aller darin verbauten Teile,
- Änderungs- oder Ergänzungsgenehmigungen an diesen,

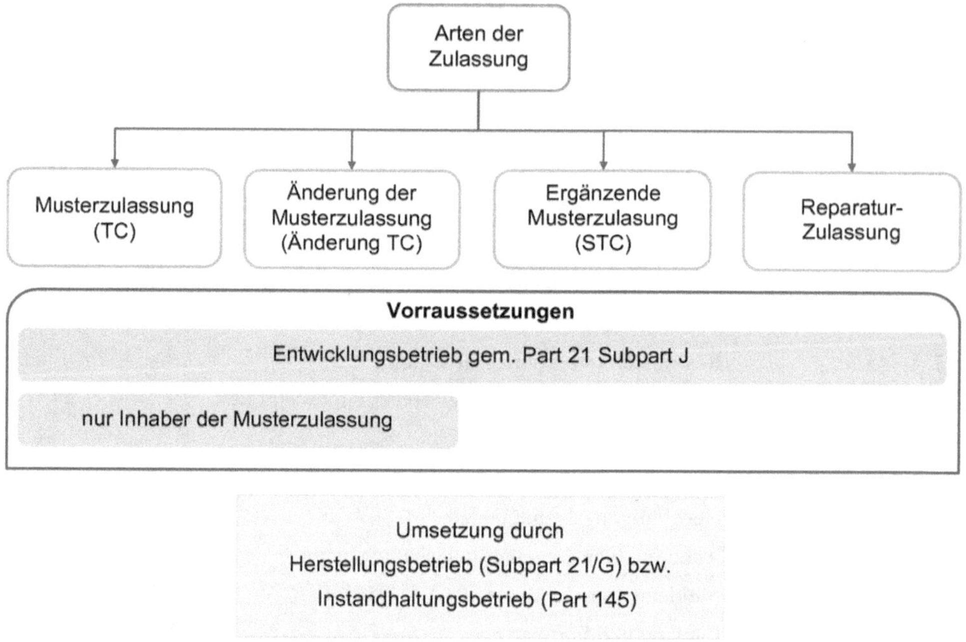

Abb. 1.3 Arten der Zulassung[6]

- Genehmigung von Reparaturverfahren,
- Genehmigungen für ETSO Bauteile.

Für ein Luftfahrzeug wird auf Basis der Musterzulassung als Nachweis schließlich ein Type Certificate Data Sheet (TCDS) (Musterkennblatt) ausgestellt. Das Type Certificate bestätigt, dass das Design die anwendbaren Bauvorschriften und ggf. weitere Spezifikationen erfüllt.

Als verwertbares Ergebnis für die PO erstellen Entwicklungsbetriebe anwendbare bzw. genehmigte Herstellungsvorgaben (Applicable bzw. Approved Design Data) sowie weitere Dokumente zur Aufrechterhaltung der Lufttüchtigkeit.

Während Entwicklungsbetriebe berechtigt sind, Konstruktionsunterlagen, also *Dokumente* zu erstellen und in Umlauf zu bringen, liegt das Privileg eines 21/G Betriebs in der Herstellung und Freigabe von *physischen Erzeugnissen* auf Basis dieser Dokumente, also wie Luftfahrzeuge sowie Bau- und Ausrüstungsteile.

In dieser Arbeitsbeziehung ist die DO dafür verantwortlich, der PO die Entwicklungsunterlagen in ihrer jeweils gültigen Revision zur Verfügung zu stellen. Der Herstellungsbetrieb muss demgegenüber dem Entwicklungsbetrieb beim Prototypenbau unterstützen. Vor allem aber muss die PO im betrieblichen Alltag durch dessen Praxiserfahrung die DO

[6] Vgl. Hinsch (2022, S. 64).

bei der Mängelbeseitigung in den Entwicklungsunterlagen unterstützen. Hierzu muss eine Feedbackschleife von der PO zur DO eingerichtet sein. Diese gemeinsame Verantwortung müssen Entwicklungs- und Herstellungsbetrieb zusammen in einem Vertrag fixieren, dem DO/PO Arrangement, welches in Kap. 2, Abschn. 21.A.133 detailliert beschrieben wird.

Oberstes Gebot in der Beziehung der beiden Partner ist wie zuvor bereits erwähnt, dass sich Herstellungsbetriebe immer strikt an die Konstruktionssvorgaben der Entwicklungsbetriebe halten. „Freestyle Production" ist in keinem Fall zulässig.

Folgelogisch muss sich die PO auch alle Abweichungen von den Entwicklungsvorgaben stets (über eine Concession) von der zuständigen DO genehmigen lassen. Ein Herstellungsbetrieb ist somit ein Ausführungsorgan des Entwicklungsbetriebs, das eigene Anweisungen nur im engen Rahmen der DO-Vorgaben erstellen bzw. ausdetaillieren darf.

1.4 Part 21/G und EN 9100

Organisatorische Einbindung der EN 9100 in den Part 21/G

Die meisten Betriebe mit einer Genehmigung nach Part 21/G verfügen parallel über eine Zertifizierung nach EN 9100. Dies ist die branchenspezifische Norm der Luftfahrt, Raumfahrt und Verteidigung für Konstruktion, Entwicklung, Produktion, Montage und Wartung.[7] In Deutschland sind etwa 850 Betriebe mit ihren verschiedenen Standorten nach der EN 9100 zertifiziert. Dies ist wesentlich dadurch begründet, dass Airbus als auch die großen Zulieferer im Normalfall in ihrer Lieferkette den Nachweis einer EN-Zertifizierung mit Eingehen einer Geschäftsbeziehung einfordern.

Die EN 9100 muss also keinen formal-juristisch bindenden Charakter haben, um breite Anwendung zu finden. Der Umstand, dass der Kunde die Norm einfordert, diszipliniert auch jene, die deren Anforderungen eigentlich nicht nachkommen wollen.[8] Die EN 9100, wie auch weitere (Luftfahrt)Normen üben so einen Zwang aus und wirken daher ähnlich wie Gesetze: Wer sie nicht befolgt, den bestraft der Markt.

Für die Luftfahrzeughersteller ist die EN 9100 Zertifizierung dabei sehr vorteilhaft, weil die Zulieferer unter *einem* Qualitätssystem vereint werden, so wie es der Part 21/G fordert. Die EN 9100 deckt zwar nicht alle behördlichen Anforderungen des Part 21/G ab, so doch aber einen großen Teil. Der Rest wird dann über eine Qualitätssicherungsvereinbarung (QSV) abgesichert.

Ein weiterer Vorteil ergibt sich für Airbus und andere große Hersteller dadurch, dass die Zulieferer finanziell und organisatorisch selbst für den Nachweis ihrer Qualitätsfähigkeit verantwortlich werden. Sie müssen über die jährliche Zertifizierung einen objektiven Nachweis liefern, indem sie in anerkannte Zertifizierungsinstitute beauftragen, die eigene EN-Normenkonformität zu prüfen und zu bestätigen.

[7] Diese Normen sind gleichwertig mit der SAE AS 9100er Reihe (Amerika) und dem JISQ 9100 (Japan/Asien).

[8] Vgl. Hinsch (2020, S. 1).

Für die großen luftfahrttechnischen Betriebe bietet die externe Zertifizierung so den Vorteil einer Aufwandsreduzierung im Bereich der Lieferantenüberwachung zu der sie über den Abschn. 21.A.139 im Part 21/G gezwungen sind. Genehmigte 21/G-Betriebe müssen nach EN 9100 zertifizierte Lieferanten nicht mehr vollständig auditieren, sondern können ihren Fokus auf die Auditierung der Herstellungsprozesse legen. Mit einem Zertifizierungszwang betreiben insbesondere die Konzerne der Luftfahrtindustrie insoweit ein Outsourcing ihrer Lieferantenüberwachung. Das mit der Zertifizierung ausgestellte Erst- oder Wiederholungszertifikat dient dem Zulieferer als Nachweis gegenüber seinem Auftraggeber.[9]

Inhaltliche Unterschiede EN 9100 in den Part 21/G
Trotz ähnlicher Anforderungen in ihrer grundsätzlichen Ausrichtung unterscheiden sich luftrechtliche Regelwerke und EN 9100. Während nämlich die EASA-Bestimmungen den Schwerpunkt auf sicherheitsrelevante Aspekte der Herstellung legen, nimmt die EN vor allem die Kundenperspektive und die Prozessorientierung in den Fokus und berücksichtigt zudem *alle* Bestandteile der Wertschöpfungskette.

Auch bleibt der Part 21/G im Vergleich beider Regelwerke trotz der Umsetzungsvorgaben aus GM und AMC in vielen Punkten unspezifischer als die EN 9100. Gerade im wichtigsten Paragraphen, dem 21.A.139, lässt der Part 21/G in vielen Unterpunkten die Betriebe in der Umsetzung allein. Es sind dort mehrheitlich nur übergeordnete Themenbereiche genannt, für die dann beherrschte Bedingungen sicherzustellen sind. Demgegenüber liefert die Norm gerade in den Abschn. 8.1.1, 8.5.1 und 8.5.4 zumindest noch Schlagworte aus denen sich Anforderungen leichter ableiten lassen.

Allzu detailliert sind die Anforderungen der EN 9100 jedoch auch nicht. Für 21/G wie für die Norm gilt gleichermaßen, dass diese zwar festlegen, was am Ende umzusetzen ist, nicht aber wie Prozesse und Arbeitsschritte im Detail ausgestaltet sein müssen. Es werden keine Tools, Instrumente oder Umsetzungsmethoden vorgegeben, sondern nur die Anforderungen an den Output. Managementsystem-Normen überlassen die detaillierte inhaltliche Prozessausgestaltung, also die Wahl der Mittel, dem Betrieb. Ein gewisser Zwang besteht lediglich auch hier, wenn anerkannte Industriestandards vorliegen, die weitere Vorgaben machen.

Neben den Unterschieden gibt es jedoch auch zahlreiche Übereinstimmungen. Grob gesprochen ähneln sich beide Regelwerke in ihren Anforderungen an das betriebliche QM-System zu 60–80 %. Größere Übereinstimmungen beim Part 21/G und der EN 9100 finden sich zum Beispielen bei den folgenden Bereichen:

- Führungsverantwortung und Verpflichtung der Geschäftsleitung einschließlich Qualitätspolitik sowie der Festlegung von Verantwortlichkeiten und Befugnissen,
- Anforderungen an ein Qualitäts(managements)systems,
- Personalqualifikation,

[9] Vgl. Hinsch (2022, S. 47).

- Organisationsänderungen
- Vorgabedokumentation und Archivierung
- Auswahl, Überwachung und Steuerung von Zulieferern sowie Bewertung und Prüfung zugelieferter Erzeugnisse,
- Planung und Durchführung der Leistungserbringung einschließlich dessen Freigabe
- Maßnahmen zur Fehlerkorrektur und Korrekturmaßnahmen.

Detaillierter ist der Part 21/G indes bei den Anforderungen an das leitende Personal, an Art und Umfang des Handbuchs sowie die betrieblichen Meldesysteme bzw. interne und externe Kommunikation.

Insgesamt ist die EN 9100 im Anforderungsspektrum breiter aufgestellt. Sie widmet sich noch den folgenden Themenbereichen, die im Part 21/G (fast) gar nicht vorkommen:

- Zielorientierung einschließlich Prozessmessung und Verfolgung der Zielerreichung über die sog. PEAR Formblätter,
- Systematisches Arbeiten innerhalb des QM-Systems durch Prozessorientierung und strikte Einforderung des PDCA Zyklus,
- Systematische Erfassung und Integration von Kundenanforderungen,
- Kenntnis interner und externer betrieblicher Einflussgrößen sowie interessierter Parteien (Stakeholder),
- Umgang mit gefälschten Teilen, der dezidierte Umgang mit speziellen Prozessen und kritischen Einheiten,
- Betriebliches Wissen und Bewusstsein,
- Betriebliche Risikoorientierung und auftrags- bzw. projektbezogenes Risikomanagement,
- Systematisches Verbesserungswesen.

Damit bewegt sich die EN 9100 deutlich näher an den betriebswirtschaftlichen Bedürfnissen der Kunden und zielt neben der Effektivität auch ein wenig auf die Effizienz. Vor allem aber steht bei der EN 9100 die Kundenorientierung im Fokus. Kundenzufriedenheit wird als zentrale, gesamtbetriebliche Aufgabe betrachtet. Die Begriffe „Kunde“, „Kundenzufriedenheit“ und „Kundenanforderungen“ kommen rund 120× in der Norm vor. Diese starke Kundenorientierung macht die Norm für die großen Player der Branche zusätzlich attraktiv.

Die Zulieferer können diese ihrerseits gut akzeptieren, weil ihre Ausrichtung prozessorientiert ist, was deren Übersichtlichkeit, Verständlichkeit und schließlich die betriebliche Umsetzung erleichtert.

Literatur

EASA (2023) Part-21 (IR + AMC & GM). Easy access rules for airworthiness and environmental certification (Regulation (EU) No 748/2012), Mai 2023

Hinsch M (2022) Industrielles Luftfahrtmanagement, 5. Aufl. Springer, Berlin

Hinsch M (2020) Qualitätsmanagement in der Luftfahrtindustrie, 5. Aufl. Springer, Berlin

Abschnitt G – Genehmigung als Herstellungsbetrieb

2

2.1 21.A.131 Umfang

Der Abschn. 21.A.131 erläutert den Umfang und Zweck des Part 21/G. Für die Beantragung oder den betrieblichen Alltag ist dieser Abschnitt bedeutungslos.

2.2 21.A.133 – Berechtigung

Die Herstellung luftfahrttechnischer Produkte[1] sowie Bau- und Ausrüstungsteile bedarf der Genehmigung durch die EASA bzw. durch die nationale Luftfahrtbehörde. Eine Genehmigung als Herstellungsbetrieb dürfen dabei alle Betriebe erlangen, die beabsichtigen, zivile Luftfahrzeuge sowie Bau- und Ausrüstungsteile herzustellen. Dabei gelten folgende Ausnahmen:[2]

- Ein Betrieb, welcher ausschließlich einen Abnehmer/Kunde in der luftfahrttechnischen Lieferkette hat, also als verlängerte Werkbank agiert, hat keinen Anspruch auf eine Herstellungsgenehmigung nach EASA Teil 21/G.
- Für die Herstellung oder Bearbeitung von Rohmaterial, Standardteilen und Prozessleistungen (spezielle Prozesse, z. B. Oberflächenbehandlung) ist keine Berechtigung als Herstellungsbetrieb vorgesehen.

Auch mit einer behördlichen Genehmigung darf ein Betrieb nur innerhalb bestimmter Grenzen herstellen. Es wird dazu ein **Genehmigungsumfang** (Scope of Approval)

[1] Produkte sind definiert als vollständige Luftfahrzeuge, Motoren oder Propeller, vgl. EASA (2018a, b) Art. 3 (3).
[2] Vgl. EASA (2023) – GM 21.A.133 (a).

M. Hinsch, *Der EASA Part 21/G (Herstellung)*,
https://doi.org/10.1007/978-3-662-68179-4_2

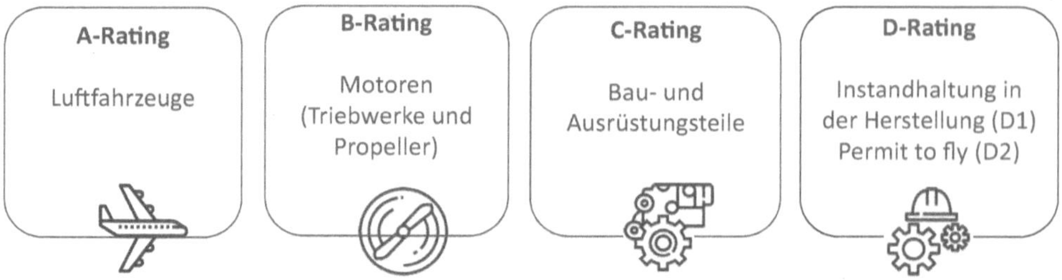

Abb. 2.1 Grobeinteilung des Genehmigungsumfangs nach Ratings

definiert, der sich nach der betrieblichen Kompetenz richtet. Der Scope wird von der zuständigen Luftaufsichtsbehörde in der Genehmigungsurkunde festgelegt. Grob lässt sich der Genehmigungsumfang unterteilen nach (vgl. auch Abb. 2.1):

- Luftfahrzeugen,
- Motoren, Propeller,
- Bauteilen und Ausrüstungsteilen (d. h. nicht fest im Luftfahrzeug verbaut),
- Instandhaltung in der Herstellung und Permit to fly.

Eine detaillierte Gliederung der behördlichen Genehmigungsumfänge zeigt Tab. 2.1. Mit Abstand am weitesten verbreitet ist die Genehmigung nach C1/C2.

Zusammenarbeit mit dem Entwicklungsbetrieb

Entwicklungs- und Herstellungsbetriebe müssen ihre Zusammenarbeit auf koordinierte und dokumentierte Weise regeln. Ein 21/G-Betrieb benötigt für seine Herstellungsaktivitäten daher die Unterstützungszusage vom Halter der Musterzulassung (TC-/ STC-Holder), also dem zuständigen 21/J Entwicklungsbetrieb. Dies erfolgt über ein **DO/PO Arrangement** (*D*esign *O*rganisation/*P*roduction *O*rganisation). Ziel einer solchen Vereinbarung ist es, die fortdauernde Lufttüchtigkeit der Produkte zu gewährleisten.

Wichtigste Bestandteile eines DO/PO Arrangements sind folgende Verpflichtungen:

- Der Entwicklungsbetrieb verpflichtet sich, dem Herstellungsbetrieb stets die anwendbaren Entwicklungsunterlagen zum erforderlichen Zeitpunkt zur Verfügung zu stellen.
- Die Design-Organisation verpflichtet sich, Design Data in einer Qualität bereitzustellen, die dem Herstellungsbetrieb eine angemessene Konfigurationskontrolle ermöglicht.
- Der Herstellungsbetrieb verpflichtet sich, dass Erkenntnisse aus den Entwicklungsunterlagen und der Herstellung entgegen der Wertschöpfungskette zurück zum Entwicklungsbetrieb fließen. Nur wenn Erfahrungen und Wissen aus der Herstellung systematisch an den 21 J-Betrieb zurückgemeldet werden, können Mängel bzw. Verbesserungspotenziale in zukünftigen Entwicklungsaktivitäten berücksichtigt werden.

Tab. 2.1 Übersicht der Genehmigungsumfänge gemäß Part 21/G

Rating	Scope of Work	Products/Categories
A1	Large Aeroplanes	
A2	Small Aeroplanes	
A3	Large Helicopters	
A4	Small Helicopters	
A5	Gyroplanes	
A6	Sailplanes	
A7	Motor Gliders	
A8	Manned Balloons	
A9	Airships	
A10	Light Sport Aeroplanes	
A11	Very Light Aeroplanes	
A12	Other	
B1	Turbine Engines	
B2	Piston Engines	
B3	APUs	
B4	Propellers	
C1	Appliances	State appliance generic types
		(e.g. Tyres, Altimeter, etc.)
		Examples include:
		Avionic, Com/Nav/Pulse
		Computer System,
		Aircraft/Engine/Avionic
		Instruments, Mechanical/Electrical/
		Gyroscopic/Electronic
		Mechanical/Hydraulic/Pneumatic
C2	Parts	State part generic types
		(e.g. Wing, Landing Gear, etc.)
		Examples include:
		Structural, Metallic/non-metallic
		Mechanical/Hydraulic/Pneumatic
		Electrical Electronic
D1	Maintenance	
D2	Issue of permit to fly	

- Der Herstellungsbetrieb verpflichtet sich, den Entwicklungsbetrieb bei allen Fragen zur Aufrechterhaltung der Lufttüchtigkeit zu unterstützen.
- Der Herstellungsbetrieb verpflichtet sich zur Unterstützung bei der Zertifizierung von Prototypen (Zulassungsvorbereitung und Neubescheinigung)
- Der Herstellungsbetrieb verpflichtet sich zur Erstellung eigener Fertigungsunterlagen (Manufacturing Data).
- Der Herstellungsbetrieb verpflichtet sich, sämtliche Bauabweichungen (Concessions) vom Entwicklungsbetrieb als Inhaber der Musterzulassung genehmigen zu lassen. Der Entwicklungsbetrieb verpflichtet sich in diesem Zuge, diese zu verifizieren und freizugeben.

Im DO/PO Arrangement ist der zulässige Umfang der Herstellung auf Partnummern-Ebene zu begrenzen. Um die Komplexität dieses Dokuments gering zu halten, wird dazu im Normalfall auf weitere Dokumente referenziert (z. B. Scope, Prozessbeschreibungen, Verfahrens- oder Arbeitsanweisungen).

Abb. 2.2 zeigt den von der EASA herausgegebenen Formvorschlag eines DO/PO. Betriebe können jedoch auch eigene schriftliche Vereinbarungsformen wählen. Dann jedoch sind die vorgeschriebenen Inhalte aus AMC 21.A.4 zu beachten.

Wenn es sich beim Entwicklungs- und Herstellungsbetrieb um einen und denselben Rechtsträger handelt, so ist keine DO/PO Vereinbarung notwendig. Die entsprechenden Inhalte müssen dann aber über Verfahrensanweisungen innerbetrieblich geregelt sein.

Vielfach beinhaltet eine DO/PO-Vereinbarung zudem das Einverständnis des Entwicklungsbetriebs, dass der Herstellungsbetrieb seine hergestellten Luftfahrzeugteile an Dritte verkaufen darf (Abb. 2.3). Diese Autorisierung zur Direktlieferung berechtigt den Herstellungsbetrieb also, seine Teile nicht nur an „seinen" Entwicklungsbetrieb, sondern auch an andere Kunden zu liefern, also z. B. den After-Sales-Markt zu bedienen. Wird diese Autorisierung nicht erteilt, darf der Herstellungsbetrieb ausschließlich an den Entwicklungsbetrieb liefern. Formal wird dies über eine **Direct Delivery Authorisation** (DDA) geregelt.[3]

Lieferkaskade mit einem zweiten Herstellungsbetrieb (IPO)[4]

Für den Fall, dass Arbeiten von einem Herstellungsbetrieb an einen zweiten 21/G-Betrieb untervergeben werden, ist das Vorgehen gesondert abzustimmen. Im Hinblick auf die Design Data entsteht nämlich die Situation eines ersten zwischengeschalteten (intermediären) und eines die Daten tatsächlich nutzenden zweiten Herstellungsbetriebs.

Das Problem dabei ist, dass der zweite 21/G-Betrieb über keine Vereinbarung mit dem Entwicklungsbetrieb (DO/PO Arrangement) verfügt. Die normalerweise darin enthaltenen Verpflichtungen gelten also nicht für den zweiten empfangenden 21/G-Betrieb. Zugleich

[3] Vgl. EASA (2023) – AMC No 1 to 21.A.133(b) and (c).

[4] Vgl. EASA (2023) – AMC No 1 to 21.A.133(b) and (c).

<table>
<tr><td colspan="2">ARRANGEMENT
in accordance with 21.A.133(b) and (c)</td></tr>
<tr><td>The undersigned agree on the following commitments:</td><td>Relevant interface procedures</td></tr>
<tr><td>The design organisation [NAME] takes responsibility to
– assure correct and timely transfer of up-to-date applicable design data (e.g., drawings, material specifications, dimensional data, processes, surface treatments, shipping conditions, quality requirements, etc.) to the productionorganisation approval holder [NAME]
– provide visible statement(s) of approved design data.</td><td></td></tr>
<tr><td>The production organisation approval holder [NAME] takes responsibility to
– assist the design organisation [NAME] in dealing with continuing airworthiness matter and for required actions
– assist the design organisation [NAME] in case of products prior to type certification in demonstrating compliance with certification specifications
– develop, where applicable, its own manufacturing data in compliance with the airworthiness data package.</td><td></td></tr>
<tr><td>The design organisation [NAME] and the POA holder [NAME] take joint responsibility to
– deal adequately with production deviations and non-conforming parts in accordance with the applicable procedures of the design organisation and theproduction organisation approval holder
– achieve adequate configuration control of manufactured parts, to enable the POA holder to make the final determination and identification for conformity.</td><td></td></tr>
<tr><td colspan="2">The scope of production covered by this arrangement is detailed in [DOCUMENT REFERENCE/ATTACHED LIST]</td></tr>
<tr><td colspan="2">[When the design organisation is not the same legal entity as the production organisation approval holder]

Transfer of approved design data:
The TC/STC/ETSO holder [NAME]acknowledges that the approved design data provided, controlled and modified in accordance with the arrangement are recognised as approved by the competent authority and therefore the parts and appliances manufactured in accordance with these data and found in a condition for safe operation may be released certifying that the item was manufactured in conformity to approved design data and is in a condition for safe operation.</td></tr>
<tr><td colspan="2">[When the design organisation is not the same legal entity as the production organisation approval holder]

Direct Delivery Authorisation:
This acknowledgment includes also [OR does not include] the general agreement for direct delivery to end users in order to guarantee continued airworthiness control of the released parts and appliances.</td></tr>
<tr><td>For the [NAME of the design organisation/DOA holder]

Date: Signature:

Xx.xx.xxxx
[NAME in block letters]</td><td>For the [NAME of the POA holder]

Date: Signature:

Xx.xx.xxxx
[NAME in block letters]</td></tr>
</table>

Abb. 2.2 EASA Formvorschlag für ein PO/DO Arrangement[5]

ist dieser aber berechtigt, unter seinem eigenen Qualitätssystem zu arbeiten sowie Bauteile mit EASA Form 1 freizugeben und auszuliefern.

Um dieses Dilemma zu lösen, muss der ursprünglich beauftragte Herstellungsbetrieb eine besondere Vereinbarung mit dem empfangenden 21/G-Betrieb abschließen. In

[5] EASA (2023) – AMC 21.A.4.

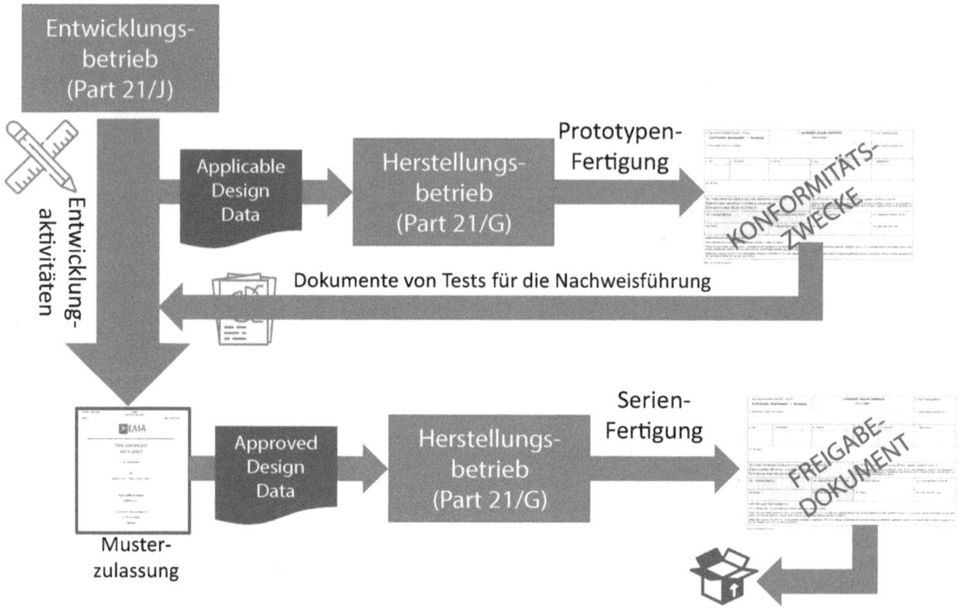

Abb. 2.3 Unterscheidung Approved vs. Applicable Design Data

diesem Rahmen wird der beauftragende Herstellungsbetrieb für die spezifische Lieferbeziehung luftrechtlich auf eine Bindegliedfunktion herabgestuft, die als Intermediate Production Organisation (IPO) bezeichnet wird. In dieser Dreiecksbeziehung zwischen Entwicklungsbetrieb, IPO und ausführendem Herstellungsbetrieb muss dazu zwingend

- zwischen den beiden genehmigten Herstellungsbetrieben eine IPO-PO Vereinbarung abgeschlossen werden, die einem DO/PO Arrangement entspricht,
- der Entwicklungsbetrieb der IPO-PO Vereinbarung individuell zugestimmt haben *und*
- der zweite, empfangene Herstellungsbetrieb geprüft haben, ob die IPO tatsächlich über ein DO/PO Arrangement verfügt.

Besonderheiten von ETSO Bauteilen

Der European Technical Standard Order (ETSO) ist ein Standard für ausgewählte Bau- und Ausrüstungsteile für die über eigene Bauvorschriften (CS-ETSO) Mindestanforderungen an das Design definiert sind. Aktuell betrifft dies rund 150 Bauteile, wie z. B. Instrumente, Sitze, Reifen, Rettungs- und Sicherheitsausrüstung sowie APUs.

ETSO Teile sind die einzigen Bauteile, die eine eigene behördliche Zulassung erhalten. Mit dieser wird dann bestätigt, dass das Design die Mindestanforderungen der jeweiligen CS-ETSO erfüllt.

ETSO Bauteile dürfen nur über einen genehmigten 21/G Betrieb hergestellt und freigegeben werden.[6] Für den Produktionsprozess in der PO spielt es aber keine Rolle, ob es sich um ein ETSO Bauteil oder ein anderes entwicklungsbetriebliches Bauteil-Design handelt.

Kauft ein Herstellungsbetrieb ETSO Bauteile zu, so ist mit dem entsprechenden Lieferanten, obgleich hier eine Lieferbeziehung zwischen zwei genehmigten Herstellungsbetrieben vorliegt, kein PO-PO oder IPO-PO Agreement notwendig. ETSO Bauteile können ohne besondere Vereinbarung zugekauft werden. Die Rückverfolgung erfolgt über die entwicklungsbetriebliche genehmigte Partnummer auf der EASA Form 1.

2.3 21.A.134 – Beantragung

Ein Antrag auf Genehmigung als Herstellungsbetrieb ist bei der zuständigen Luftaufsichtsbehörde (in Deutschland beim Luftfahrt-Bundesamt, in Österreich bei Austro Control und in der Schweiz beim Bundesamt für Zivillufftahrt) mittels EASA Formblatt 50 online oder in Papierform zu stellen.

Bei der Beantragung spielt der geplante Hauptsitz des 21/G-Betriebs eine Rolle, weil sich aus diesem die behördliche Zuständigkeit ableitet. Betriebe mit Hauptsitz innerhalb der EU werden durch die jeweiligen nationalen Luftaufsichtsbehörden betreut und überwacht. So ist für Betriebe mit Hauptsitz in Deutschland das Luftfahrt-Bundesamt die zuständige Behörde. Innerhalb Deutschlands bestimmt der Hauptsitz die Zuständigkeit der jeweiligen LBA-Außenstelle.

Herstellungsbetriebe mit Hauptsitz außerhalb der EU (inkl. Großbritannien) werden direkt durch die EASA betreut.

Die Kosten einer Genehmigung orientieren sich streng an der Mitarbeiterzahl. Eine erhebliche Gebührenreduzierung erhalten Betriebe, die bereits über ein anerkanntes QM-System verfügen.[7]

[6] Vgl. IR Initial Airworthiness Part 21–21.A.602B, alternativ: Zulassung als Betrieb Part 21/F.

[7] Vgl. LBA (2018), Gebührentabelle auf Grundlage der LuftKostV.

2.4 21.A.134A – Alternative Methoden zur Einhaltung

AMC, die von der EASA publiziert werden, gelten grundsätzlich als Umsetzungsvorgaben. Eine Abweichung von diesen ist nur in begründeten Ausnahmefällen zulässig.

Der Betrieb kann andere als in den AMC genannte Maßnahmen betrieblich implementieren, sofern diese ein vergleichbares Sicherheitsniveau bieten. Hierzu ist das alternative Vorgehen (AltMoC)[8] schriftlich festzulegen und eine Risikobewertung, z. B. mittels P-FMEA, vorzunehmen. Diese Informationen sind der Luftaufsichtsbehörde vor Umsetzung der Alternativmaßnahmen zur Genehmigung vorzulegen.

2.5 21.A.135 – Ausstellung von Genehmigungen als Herstellungsbetrieb

Eine Genehmigung als Herstellungsbetrieb wird erst erteilt, wenn der zuständigen Luftaufsichtsbehörde eine vollständige Konformität mit den Anforderungen des EASA Part 21/G nachgewiesen wird.

Die wichtigsten Voraussetzungen sind:

- Antragstellung einer Genehmigung (EASA Form 50),
- Einreichung eines genehmigungsfähigen Handbuchs (POE),
- Eignungsprüfung der Führungskräfte in Form eines Interviews/Eignungsgespräches/Tests,
- Vor-Ort-Audit durch die Luftaufsichtsbehörde.

2.6 21.A.139 – Production Management System

21.A.139(a) – Grundlagen Production Management System

Herstellungsbetriebe müssen nachweisen, ein Production Management System (PMS) eingeführt zu haben und unterhalten zu können, um jederzeit sichere Bauteile oder Produkte ausliefern zu können. Das PMS setzt sich dabei aus einem Qualitätssystem als auch aus einem Safety Management System (SMS) zusammen.

Mit Hilfe des PMS muss der Betrieb sicherstellen können, dass jedes von ihm selbst oder von seinen Partnern hergestellte oder von Zulieferern bezogene Produkt, Bau- oder Ausrüstungsteil den entwicklungsbetrieblichen Designvorgaben entspricht und sich in einem betriebssicheren Zustand befindet. Der Erfolg bzw. die Angemessenheit des PMS bemisst sich an der Fähigkeit, sichere Teile auszuliefern, also der Fehlerrate bzw. der Reklamationsquote.

[8] Alternative Means of Compliance.

21.A.139(b) – Basisanforderungen Production Management System

Art und Umfang des PMS sollen sich an der Betriebsgröße und der Herstellungskomplexität sowie der damit verbundenen Risiken orientieren.

Solide Grundlage für das PMS bildet ein QM-System nach der EN 9100er Reihe oder auch branchenfremde Normen wie z. B. ISO 9001. Diese müssen dann um die spezifischen Anforderungen des Part 21/G ergänzt werden. Ein zertifiziertes QM System ist nicht zwingend erforderlich, aber vereinfacht die Einführung und reduziert die LBA-Gebühr.

21.A.139(c) – Grundlagen Safety Management System

Beim Safety Management handelt es sich um die strukturierte Auseinandersetzung von sicherheitsrelevanten Risiken. Im Vordergrund stehen die proaktive Identifizierung von Gefahren und gezielte Reduzierung bzw. Kontrolle zugehöriger Risiken, die zu Flugunfällen oder Vorkommnissen führen können.

Im Fokus liegt dabei der Gedanke, dass der Sicherheitsaspekt systematisch in der Leistungserbringung berücksichtigt wird. Dafür sollen die Akteure des Herstellungsbetriebs ein klares Verständnis für ihre Rolle und ihres Beitrags zur Flugsicherheit entwickeln. Ein solches Bewusstsein ist Grundlage dafür, Sicherheitsrisiken zu priorisieren und Ressourcen-schonend optimale Ergebnisse zu erzielen.[9]

Es ist vorgeschrieben, dass das Safety Management gesamtbetrieblich verankert wird und unmittelbar beim Accountable Manager aufgehängt ist. Zugleich müssen alle Mitarbeiter einbezogen und in die Mitverantwortung genommen werden. Dieser ganzheitliche Ansatz soll dazu beitragen, dass Produktsicherheit fester Bestandteil des betrieblichen Alltags wird und Safety zu einem Teil der Betriebskultur wird. Um dieses Ziel zu erreichen, verlangt der Part 21/G die Einrichtung eines Safety Management-Systems (SMS) mit den folgenden Kernbestandteilen (vgl. auch Abb. 2.4):

- Safety Rahmen durch dokumentierte SMS-Strukturen im POE
  - Betriebliche Safety Politik und Safety Ziele
  - Verantwortlichkeiten und Rollen
  - Safety Management in der Lieferkette und bei Partnern
  - Überwachung und Messung der betrieblichen Safety Performance
  - Change Management im SMS
- Safety Risikomanagement
  - Identifizierung von Risiken
  - Risiko-Bewertung und Risiko-Steuerung
- Safety Kultur und Safety Wissen
  - Training und Ausbildung
  - Safety Kultur und Kommunikation.

[9] Vgl. EASA (2023) – GM1 21.A.139(c).

Abb. 2.4 Säulen des Safety Managements

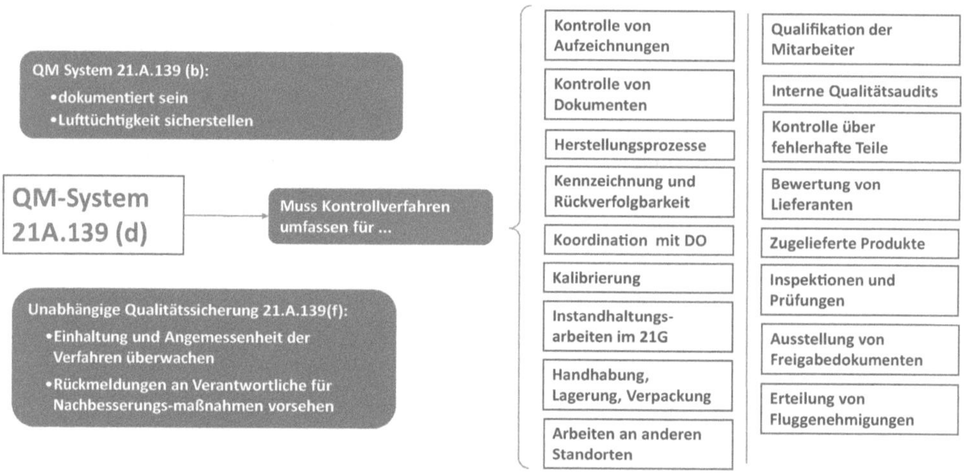

Abb. 2.5 Verfahren und Anforderungen an ein Qualitätssystem nach 21.A.139[10]

Die Anforderungen zum neuen Safety Management gemäß 21.A.139 (c) sind aufgrund des Umfangs in Kap. 4 dieses Buchs gesondert beschrieben.

[10] Vgl. Hinsch (2021).

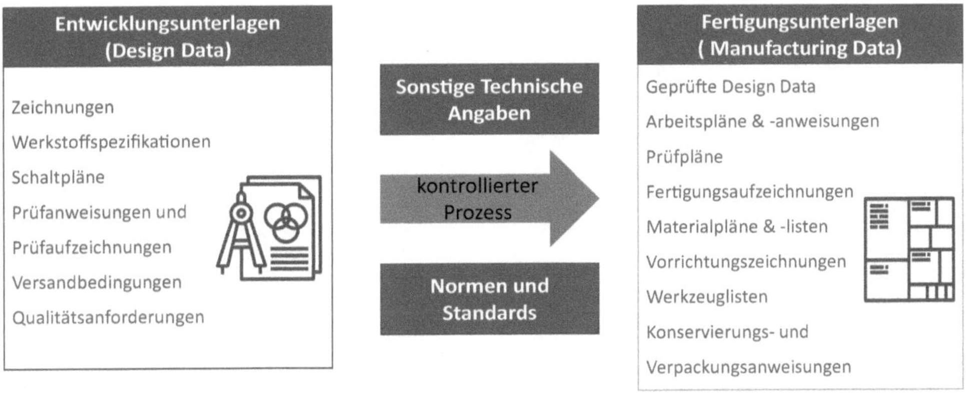

Abb. 2.6 Unterscheidung Entwicklungs- und Fertigungsunterlagen[11]

21.A.139(d) – Detailanforderungen an das PMS

21.A.139 ist der umfassendste Paragraph des Part 21/G und stellt grundlegende Anforderungen an die Organisation und die betrieblichen Prozesse (Abb. 2.5). Dennoch bleibt der Part 21 G vielfach vage. Dies gewährt den Betrieben innerhalb des gesetzten Rahmens immer noch eine gewisse Flexibilität, wobei aber trotz dieser Freiheit stets beherrschte Bedingungen in der Planung und Fertigung sicherzustellen sind.

i) die Kontrolle der Ausstellung, Genehmigung oder Änderung von Dokumenten

Es wird bei der herstellungsbetrieblichen Dokumentation zwischen Entwicklungsunterlagen (Design Data) und Fertigungsunterlagen (Manufacturing Data) unterschieden (Abb. 2.6). Die **Design Data** kommen vom 21 J Entwicklungsbetrieb. Sie bilden den Input der Herstellung und beschreiben die konstruktive Auslegung des Produkts, Bauteils oder Materials. Design Daten werden ausschließlich über den Entwicklungsbetrieb definiert und von diesem freigegeben.

Im Zusammenhang der Design Data wird oft der Begriff der *anwendbaren* Entwicklungsunterlagen (Applicable Design Data) verwendet. Hiermit wird zum Ausdruck gebracht, dass diese genehmigt (approved) als auch nicht genehmigt (non-approved) sein können. *Vor* Ausstellung der Zulassung[12] gelten die Konstruktionsdaten als anwendbar (applicable) und werden für den Prototypenbau verwendet. Entsprechende Teile dürfen mit einer EASA Form 1 zu Konformitätszwecken freigegeben werden. *Nach* Ausstellung der behördlichen Zulassung gelten die Konstruktionsdaten als genehmigt (approved) und die Teile dürfen mit einer EASA Form 1 zum Zwecke des Nachweises der Lufttüchtigkeit freigegeben werden

[11] Vgl. Hinsch (2021).

[12] Über ein TC/STC/MCC/ETSO.

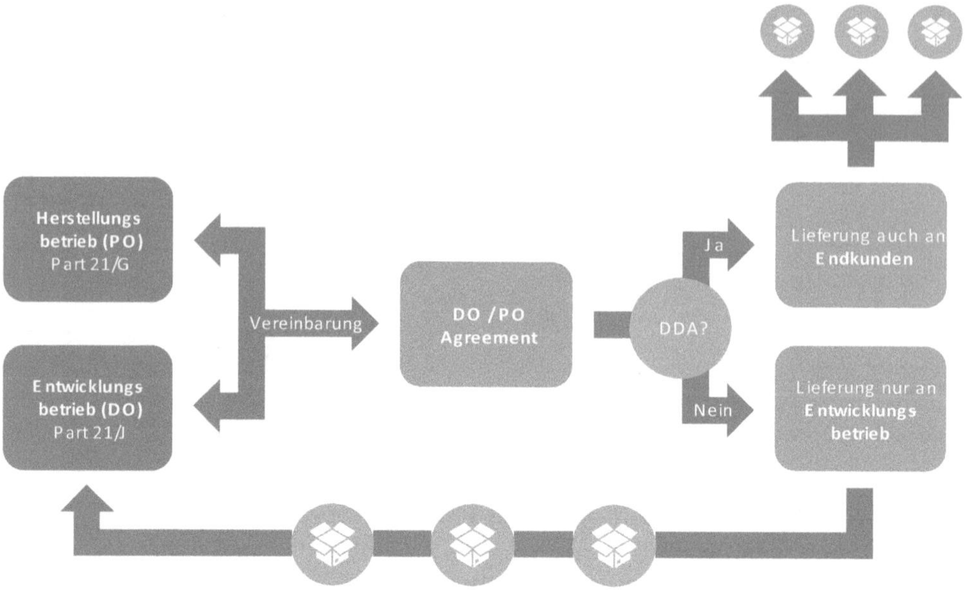

Abb. 2.7 Applicable vs. Approved Design Data

(Abb. 2.7). Bei Applicable Design Data darf die EASA Form 1 also nur zu Konformitätszwecken ausgestellt werden, bei Approved Design Data dient die EASA Form 1 indes als Freigabebescheinigung.

Demgegenüber stehen **Fertigungsunterlagen (Manufacturing Data oder Production Data).** Sie werden vom Herstellungsbetrieb erstellt und umfassen

- die vom Herstellungsbetrieb geprüften Design Data
- sowie ggf. deren Detaillierung, um die Fertigung zu ermöglichen.

Beispiele für Fertigungsunterlagen, die vom 21G-Betrieb ergänzend zu den Design Data erstellt werden, sind Arbeitskarten, Herstellungsreihenfolgen, Spezifizierung von Prozessparametern, Femi- bzw. Betriebsmittelvorgaben oder Festlegungen von Zwischenprüfungen.

Art und Umfang der Herstellungs- und Prozessvorgaben hängen üblicherweise ab von

- den hergestellten Erzeugnissen,
- der Herstellungskomplexität und
- der Qualifikation der Mitarbeiter.

Dabei darf Good Workmanship, also gesunder, mitdenkender Menschenverstand bei Mitarbeitern mit Berufsausbildung vorausgesetzt werden.

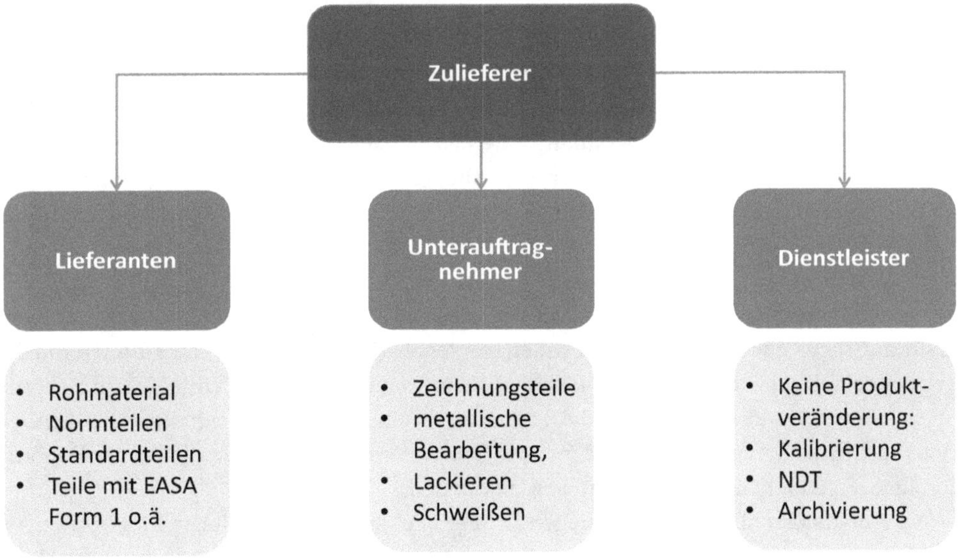

Abb. 2.8 Arten von Zulieferer im Luftrecht

Manufacturing Data sind vom Herstellungsbetrieb zu erstellen und zu prüfen sowie schließlich freizugegeben. In diesem Zuge sind zwei Aspekte besonders zu beachten:

- Korrektes Übertragen der Inhalte und des Revisionsstatus aus den Entwicklungsunterlagen (Design Data),
- Unabhängigkeit zwischen Ersteller, Prüfer und dem Freigebenden.

ii) Audits und Kontrollen zur Bewertung von Lieferanten und Unterauftragnehmern
Herstellungsbetriebe müssen Kontrolle über ihre gesamte Lieferkette haben und in der Lage sein, Verantwortung für alle zugelieferten Teile bzw. Leistungen zu übernehmen. Die Tätigkeiten des Zulieferers sind voll in das Produktionsmanagementsystems des 21/G-Betriebs zu integrieren.[13] Dies gilt jedoch nur für die Tätigkeiten, die der Unterauftragnehmer für den 21/G-Betrieb ausführt und nicht für den Unterauftragnehmer als gesamte Organisation.

Zulieferer (Supplier) ist im EASA-Jargon der Oberbegriff für Lieferanten (Vendors) sowie Unterauftragnehmer (Subcontractor) und Dienstleister (Service Provider) (vgl. Abb. 2.8):

[13] Vgl. EASA (2023) – AMC1 21.A.139(c)(3) and (4).

- Lieferanten beliefern den Herstellungsbetrieb mit Rohmaterial, mit Norm- und Standardteilen oder Teilen mit einer behördlichen Freigabebescheinigung.[14]
- Unterauftragnehmer führen Bestandteile der Fertigung im Auftrag des Herstellungsbetriebs nach dessen Vorgaben aus, z. B. Fertigung von Zeichnungsteilen, metallische Bearbeitung, Oberflächenbehandlung, wie Galvanisieren oder Lackieren, usw.
- Dienstleistungen sind Schritte in der Wertschöpfung, bei denen keine Änderungen an den Teilen vorgenommen werden, z. B. Kalibrieren von Mess- und Überwachungsmitteln oder zerstörungsfreie Werkstoffprüfung (NDT).

Der Herstellungsbetrieb muss einen Prozess vorhalten, der festlegt, wie Zulieferer vor einer Erstbeauftragung bewertet und freigegeben werden. Nach Freigabe werden Zulieferer in die Liste zugelassener Zulieferer (Supplier List) aufgenommen. Für das POE bzw. die Behörde ist es sinnvoll, zwei unterschiedliche Listen zu führen: Eine für genehmigungspflichtige Unterauftragnehmer und Dienstleister sowie eine weitere für Zulieferer, die bei der Behörde nur angezeigt, nicht aber genehmigt werden müssen.

Nach erstmaliger Freigabe unterliegen Zulieferer einem kontinuierlichen Monitoring. Art und Umfang der fortlaufenden Überwachung sind in einem Prozess zu beschreiben. Darin ist auch festzulegen, was zu tun ist, wenn der Zulieferer nicht den Erwartungen entspricht.

Dabei unterliegen Lieferanten, Unterauftragnehmer und Dienstleister einer unterschiedlichen Überwachungspflicht.

Bei *Lieferanten* fällt der Überwachungsaufwand am geringsten aus. Notwendig ist eine angemessene Produktprüfung (z. B. mittels Wareneingangsprüfung, QS-Prüfung oder FAI). Üblicherweise ist keine Lieferantenprüfung mittels Vorort-Audits notwendig.

Unterauftragnehmer

Anders ist dies bei *Unterauftragnehmern* (Subcontractor), weil sie Tätigkeiten entsprechend der Vorgaben des Herstellungsbetriebs ausführen. Sie unterliegen damit dem Produktionsmanagementsystem des 21/G-Betriebs. Daher sind beherrschte Bedingungen in den Lieferbeziehungen nachzuweisen. Hierzu muss[15]

- das Personal des Unterauftragnehmers angemessen qualifiziert und
- Nachweise zu den Herstellungsaktivitäten einsehbar und nachvollziehbar sein sowie
- die festgelegten Qualitätsanforderungen stets umgesetzt werden. Um dies sicherzustellen, ist eine Qualitätssicherungsvereinbarung (QSV) zwischen Herstellungsbetrieb und dem Unterauftragnehmer abzuschließen.

---

[14] Bei Unterauftragnehmern mit einer eigenen behördlichen Zulassung darf sich der Herstellungsbetrieb auf die EASA Form 1 verlassen. Vgl. EASA (2023) – GM1 21.A.139(d)(1). Andere zulässige behördliche Freigabezertifikate sind die TCCA Form 1, UK CAA Form 1, FAA 8130-3, ANAC Form F-100-01, CAAC Form AAC-038, JCAB Form 18.

[15] LBA (2015, S. 4).

Um die Einhaltung dieser Anforderungen zu überprüfen, sind Unterauftragnehmer periodisch zu auditieren. Einen gesetzlich oder behördlich definierten Zeitraum gibt es dabei nicht. Die Überwachungsintensität muss angemessen sein, sie hängt grundsätzlich ab von[16]

- der Erfahrung und dem bisherigen Zeitraum der Überwachung. Je länger die Zusammenarbeit und je geringer die Befunde, Reklamationen bzw. Nichtkonformitäten, desto geringer darf die Überwachungsintensität ausfallen. Basis der Bewertung bilden vor allem Wareneingangsbefunde, Kundenreklamationen und die Ergebnisse von Audits beim Unterauftragnehmer.
- der Erfahrung des Unterauftragnehmers im Hinblick auf die angewandte Technologie oder die Erfahrung mit vergleichbaren Arbeiten. Liegt diese nicht vor, muss der Herstellungsbetrieb ggf. temporär oder dauerhaft On-Site Support bei seinem Unterauftragnehmer leisten.

Änderungen der Produktionsbedingungen sind durch den Herstellungsbetrieb zu prüfen und freizugeben. Für Änderungen an Produktionsprozessen, die bei eigener Herstellung genehmigungspflichtig wären, ist auch für Unterauftragnehmer zusätzlich eine Genehmigung durch die Behörde einzuholen.

Signifikante und nicht signifikante Untervergaben
Das Luftfahrt-Bundesamt unterscheidet zwischen nicht signifikanten und signifikanten Untervergaben (vgl. Abb. 2.9). Erstere sind gegenüber dem LBA *anzeige-* und letztere *genehmigungs*pflichtig. Das bedeutet, dass vor signifikanten Untervorgaben vorab eine Zustimmung der Behörde einzuholen ist.

Bedingungen für signifikante Auftragsvergaben sind in jedem Fall erfüllt, bei[17]

- hoher Komplexität von Auftragspaket oder Bauteil. Es liegt hier eine aufwendige Konfigurationskontrolle, herausfordernde Logistik vor oder es ist ein komplexer Informations- und Datenaustausch erforderlich.
- Anwendung spezieller Prozesse, neuer Prozesse oder Technologien.
- unzureichender Erfahrung des Unterauftragnehmers.
- Untervergaben, die besondere Maßnahmen der Qualitätssicherung erfordern, so etwa bei Produktionsverlagerungen in Länder mit niedrigem industriellem Standard.

Verfügen die Unterauftragnehmer über keine eigene 21/G-Genehmigung, so muss diese Aufzählung um die folgenden Kriterien erweitert werden, bei denen eine Untervergabe als „signifikant" gilt:

---

[16] LBA (2015, S. 3).
[17] LBA (2015, S. 5 f.).

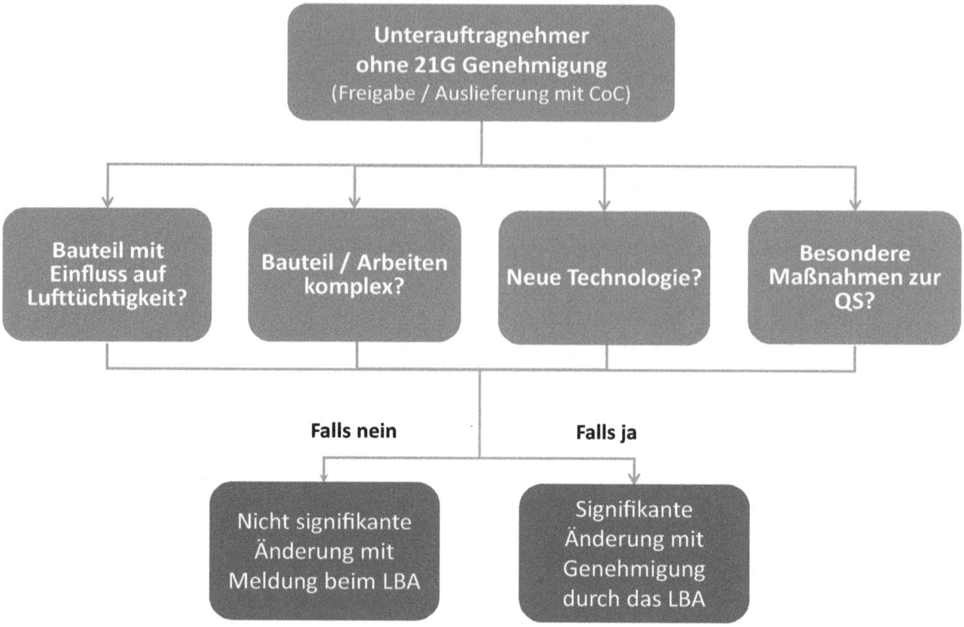

Abb. 2.9 Entscheidungskriterien für Einstufung von Unterauftragnehmern bzw. Fremdvergaben[18]

- Bei Herstellungsaktivitäten an Bauteilen, die gemäß Bauvorschriften als kritisch gelten (z. B. CS-27, CS-29 für Hubschrauber oder CS-E für Triebwerke)
- Bei Herstellungsaktivitäten für die der zuständige Entwicklungsbetrieb kritische Einheiten oder Schlüsselmerkmale definiert hat.
- Bei sicherheitskritischen Herstellungsaktivitäten.

Kaskadierung von Aufträgen durch Unterauftragnehmer
Grundsätzlich dürfen Unterauftragnehmer ihrerseits herstellungsbetriebliche Aufträge weiter untervergeben. Für Weitervergaben muss der beauftragende Herstellungsbetrieb jedoch seine Zustimmung erteilt haben. Es ist zudem sicherzustellen, dass die Anforderungen, die der Herstellungsbetrieb an seinen Unterauftragnehmer definiert hat, in der Lieferkaskade schriftlich weitergereicht werden.

[18] Vgl. Hinsch (2021).

Mit Fremdvergabe an einen (weiteren) Unterauftragnehmer verbleibt die Gesamtverantwortung auch weiterhin beim genehmigten Herstellungsbetrieb. Soweit geboten, muss dieser damit auch sein Sub-Subcontractor überwachen.

Weitere solide Hinweise für die Überwachung von Zulieferern bzw. Unterauftragnehmern finden sich im LBA- *Merkblatt für genehmigte Herstellungsbetriebe bei der Vergabe von Arbeiten an Zulieferer.*[19]

Safety Management an den Schnittstellen zu Unterauftragnehmern[20]
Besondere Safety-Risiken bestehen an den Schnittstellen, dies gilt umso mehr, wenn diese extern sind. Hier ist für den Herstellungsbetrieb daher besondere Aufmerksamkeit geboten. Im Fokus stehen dabei Unterauftragnehmer – mit und ohne eigene 21/G-Genehmigung. Alle an sie fremdvergebenen Aktivitäten müssen vollständig im betrieblichen Safety Risikomanagement Prozess und in das PMS integriert und bei beiden Partnern harmonisiert sein.[21]

Ausgangspunkt des Safety Management Prozesses an den externen Schnittstellen bildet die Identifizierung der betroffenen Unterauftragnehmer. Darauf aufbauend sind für jeden Partner die Risiken in der Zusammenarbeit zu bestimmen. Der Fokus ist dabei z. B. auf die folgenden Aspekte zu legen:

- Fertigungsverfahren und Logistik einschließlich kaskadierten Untervergaben,
- Prüfungen und Überwachungen,
- Aufgabenzuweisung, Verantwortlichkeiten und Befugnisse,
- Kommunikation, Informations- bzw. Datenaustausch sowie
- die Qualifikationen und Kompetenzen des Personals.

Die Reduzierung der damit verbundenen Risiken wird üblicherweise mittels einer Qualitätssicherungsvereinbarung (QSV) oder einem Projektplan sichergestellt. Im Einzelnen verlangt die EASA:[22]

- klare Zuweisung von Verantwortlichkeiten und Zuständigkeiten (in komplexeren Strukturen z. B. mittels REIKI-Matrix). Mit „klarer Zuweisung“ ist gemeint, dass für jede definierte Anforderung nur eine Partei verantwortlich sein soll. Überschneidende oder widersprüchliche Zuständigkeiten zwischen Herstellungsbetrieb und Partnern sind zu unterbinden, um Koordinationsfehler zu vermeiden.
- Definition von Reporting-Strukturen (Verantwortlichkeiten, Empfänger, Häufigkeit) für die Auftragsabarbeitung und -verfolgung bzw. Projektfortschrittkontrolle.

---

[19] LBA (2015).
[20] Vgl. EASA (2023) – GM2 21.A.139(d)(1).
[21] Vgl. EASA (2023) – GM2 21.A.139(d)(1)(a).
[22] Vgl. EASA (2023) – GM2 21.A.139(d)(1).

- Festlegung klarer Kommunikationskanäle und Schnittstellen für das Occurrence Reporting nach 21.A.3A, in das Unterauftragnehmer zwingend einzubinden sind. Mitarbeiter von Unterauftragnehmern müssen dem Herstellungsbetrieb offensichtlich inakzeptable Sicherheitsrisiken direkt mitteilen können.[23]
- Sicherstellung einer regelmäßigen Kommunikation vom Partner zum genehmigten Herstellungsbetrieb zur Bestimmung des Risikostatus', Änderungen in der Zusammenarbeit und zu sonstigen wichtigen Fragen (z. B. mittels Review Boards).
- Risiken komplexer Vereinbarungen mit Dritten sind zu berücksichtigen. Dies kann sich aufgrund von umfangreichen Arbeitspaketen oder aufgrund des Einsatzes mehrerer Unterauftragnehmer ergeben. Solche Risiken in der Abstimmung oder Abwicklung der Zusammenarbeit können z. B. durch zusätzliche Prüfschritte oder das verpflichtende Arbeiten mit Checklisten reduziert werden.

Letztlich muss sichergestellt sein, dass die Zusammenarbeit auf allen Ebenen ein angemessenes Niveau findet. Dabei muss der Herstellungsbetrieb die Risikosituation regelmäßig bewerten. Hierfür verlangt die EASA in ihrem Guidance Material explizit einen Blick[24]

- auf die Produktebene: z. B. Fehler und Concessions, Vorkommnisse, FOD Ereignisse, Prozess-Abweichungen, Analysen sowie Fehlerreportings als Ergebnis der Unterauftragnehmer-Überwachung.
- in die Dokumentenlenkung: vor allem technische Dokumentation und Prozessanweisungen und QM-Vorgaben sowie AD's.
- auf die organisatorische Zusammenarbeit: Änderungen am QM-System bzw. den Prozessen, Ressourcenaustattung, menschliche Faktoren, etc.

[23] Vgl. EASA (2023) – GM2 21.A.139(d)(1)(b)(3).

[24] Vgl. EASA (2023) – GM2 21.A.139(d)(1)(c).

Luftrechtlich relevante Inhalte einer Qualitätssicherungsvereinbarung (QSV)[25]

- Zugangsrecht für Mitarbeiter des Herstellungsbetriebs und Behörden zu den betroffenen Betriebsbereichen sowie Zugriff auf die relevante Dokumentation auf jeder Ebene der Lieferkette
- Regelung zur Erstellung/Verwendung der Fertigungsunterlagen (Vorgaben)
- Dokumentation der Herstellungsaktivitäten (erwartete Nachweise)
- Archivierung (Dauer, Ort und Archivierungsumfang)
- Genehmigung jeglicher Änderungen in der Supply Chain (z. B. eine weitere Untervergabe)
- Umgang mit nichtkonformen Prozessen, Produkten und Leistungen einschließlich deren Genehmigung zur weiteren Behandlung
- Bei Lieferung beizufügende Konformitätsbescheinigungen, z. B. CoC, Materialzeugnisse
- Kommunikationskanäle und Schnittstellen für das Occurrence Reporting
- Ansprechpartner in der Zusammenarbeit (Namen oder Positionen)
- Umgang mit gefälschten Teilen (Bogus Parts) oder Teilen zweifelhafter Herkunft (Suspected Unapproved Parts)
- Umgang mit kalibrierpflichtigen Mess- und Überwachungsmitteln und überwachungspflichtigen Fertigungsmitteln (Femis)
- Qualifizierung des Schweißpersonals nach DIN ISO 24394, sofern anwendbar
- Qualifizierung des NDT-Personals nach DIN EN 4179, sofern anwendbar

Überwachung der Lieferkette durch Beratungs- und Zertifizierungsgesellschaften
Grundsätzlich ist es zulässig, dass Dritte, sog. Other Parties (OPs) für die Überwachung oder Bewertung von Zulieferern eingesetzt werden. Dies können z. B. Beratungs- oder Zertifizierungsgesellschaften sein. In diesem Fall befreit dies den Herstellungsbetrieb jedoch nicht davon, sich auch selbst ein Bild von der Qualitätsfähigkeit seiner Zulieferer zu machen. Überdies muss der Herstellungsbetrieb seine Other Parties in ihren Überwachungstätigkeiten ebenfalls überwachen. Diese Aktivitäten sind in einem Verfahren zu beschreiben.[26]

[25] Weitere Inhalte der QSV können sich aus der EN 9100 oder den (wirtschaftlichen) Interessen des Herstellungsbetriebs ergeben. Diese Aufzählung listet ausschließlich die Anforderungen aus Perspektive des Part 21/G.

[26] Die detaillierten Vorgaben zum Einsatz von „Other Parties" zur Überwachung von Lieferanten und Unterauftragnehmern finden sich in EASA (2023) – AMC 1 21.A.139(d)(2)(ii) und AMC 2 21.A.139(d)(2)(ii).

iii) Kontrolle von zugelieferten Produkten, Teilen, Materialien und Ausrüstungen
Jegliches zugelieferte Material oder Teil muss den Konstruktionsdaten (Design Data) des Entwicklungsbetriebs entsprechen. Bei zugelieferten Teilen wird dies üblicherweise während einer einfachen Wareneingangskontrolle (Incoming Inspection) geprüft. Hierbei erfolgt eine Prüfung der Lieferdokumentation wie dem Lieferschein sowie der beigefügten Zertifikate wie dem Certificate of Conformity (CoC) oder der EASA Form 1.[27] Diese werden auf Übereinstimmung mit der gelieferten Ware verglichen sowie auf Vollständigkeit und mittels Sichtprüfung auf offensichtliche Schäden kontrolliert. Unter Umständen ist zusätzlich eine detaillierte QS-Prüfung auf Merkmale und Eigenschaften notwendig.

In den vergangenen Jahren hat das Thema gefälschter Teile bzw. Teile zweifelhafter Herkunft (Suspected unapproved Parts – SUP) an Bedeutung gewonnen. Dies trifft insbesondere auf Rohmaterial-Zusammensetzungen und Elektronikbauteile zu. Um diesem Problem vorzubeugen, müssen Herstellungsbetriebe Präventionsmaßnahmen definieren. Neben Produktprüfungen ist der Fokus dabei auf Folgendes zu setzen:

- das Mitarbeiter-Bewusstsein,
- deren Wissen gefälschte bzw. verdächtige Teile zu erkennen sowie
- die Vermittlung der behördlichen Meldewege eines solchen Ereignisses.

Weitere Informationen zu SUPs liefern Service Information Bulletins der EASA.[28]

iv) Kennzeichnung und Verfolgbarkeit
Teile-Kennzeichnung und Rückverfolgbarkeit

Während der Herstellung müssen alle Teile und Materialien zu jedem Zeitpunkt gekennzeichnet sein, um die Rückverfolgbarkeit (Traceability) zu ermöglichen. Anhand zugehöriger Dokumentation muss eine Auftragszuordnung und der Bearbeitungsstatus (z. B. über Arbeitskarte, Barcode-System oder Materialbeleg) nachvollziehbar sein. Nach Auslieferung muss eine Rückverfolgbarkeit hinsichtlich Herstellungsparameter, Durchführungsverantwortliche und -zeitraum auf Badge-, Chargen- oder Serialnummern-Ebene möglich sein.

In der betrieblichen Praxis bedeutet Rückverfolgbarkeit auch, dass interne (Chargen-) Trennungs-, Verpackungs- und Konservierungsvorgänge ebenso wie Leistungserbringungen durch Unterauftragnehmer in der Dokumentation verfolgt werden können. Daher muss auch die Lieferdokumentation Angaben zur Serialnummer bzw. Badge-, Chargen- oder Losnummer aufweisen.

Wie weit Rückverfolgung gehen muss, ist indes nicht eindeutig geregelt. Während sich in der betrieblichen Praxis eine Rückverfolgbarkeit bis zur letzten Schraube und Transistor

[27] Sowie TCCA Form 1, UK CAA Form 1, FAA 8130-3, ANAC Form F-100-01, CAAC Form AAC-038, JCAB Form 18.

[28] Details zum Vorgehen bei diesen Teilen finden sich in EASA (2018a) – SIB 2017-13R1, Hinsch (2022) Abschn. 9.2.6.

durchgesetzt hat, leitet sich eine solche Verfolgungstiefe aus den EASA Vorgaben nicht direkt ab. Genehmigte Betriebe benötigen daher *"Procedures for traceability including a definition of clear criteria of which items need such traceability."*[29]

Gibt es Vorgaben zur Rückverfolgbarkeit seitens des 21/J Entwicklungsbetriebs, so sind diese einzuhalten.

Bauteil-Kennzeichnung
Die Kennzeichnung fertiger Bauteile für den späteren Betrieb, also Details zum Typenschild, sind im EASA Part 21Q geregelt. Die Vorgaben hierfür werden durch den Entwicklungsbetrieb festgelegt. Grundsätzlich sind folgende Angaben auf einem Bauteil, welches mit EASA Form 1 ausgeliefert wird, zu hinterlegen:[30]

- Name des Herstellers,
- Produktbezeichnung,
- Seriennummer des Herstellers,
- jede andere Information, die seitens der Behörde als angemessen gesehen wird.

Dabei muss sichergestellt sein, dass es sich um ein brandsicheres Schild handelt und die Informationen entweder eingeätzt, eingeprägt, eingraviert oder nach einem anderen zugelassenen Verfahren brandsicher angebracht sind. Das Schild ist so zu befestigen, dass es zugänglich und lesbar ist und nicht im normalen Betrieb unlesbar gemacht, entfernt oder bei einem Unfall abgerissen bzw. vernichtet werden kann.[31]

Eine Besonderheit stellt die EPA Kennzeichnung dar.[32] Diese ist bei Bauteilen notwendig, die nach genehmigten Entwicklungsvorgaben hergestellt werden, diese Unterlagen nicht vom ursprünglichen Inhaber der Musterzulassung stammen.[33]

v) Herstellungsprozesse
Der 21/G Betrieb muss dem Produktionspersonal schriftliche Herstellungsvorgaben zur Verfügung stellen. Neben den Design Data des Entwicklungsbetriebs sind dazu unterstützende **Fertigungsunterlagen (Manufacturing Data)** zu definieren. Hierbei handelt es sich um fachlich-technische Dokumente wie Arbeitskarten, Fertigungsaufträge, Arbeitsanweisungen, Projektakten, Anweisungen, Standards, Fertigungsparameter, Richtlinien, Anleitungen und Leitfäden, Muster, Schablonen oder Fotos. Zusätzlich können Formulare und Checklisten o. ä. bei der Strukturierung der Arbeitsabfolge und der Bewertung bzw. Freigabe helfen.

---

[29] Vgl. EASA (2023) – AMC1 21.A.139(s)(2).

[30] Vgl. EASA (2023) – 21.A.801 (a).

[31] Vgl. EASA (2023) – 21.A.801 (b) + (c).

[32] EPA steht für European Part Approval. EPA-Bauteile spielen üblicherweise nur bei Reparaturen eine Rolle wurden. Ein gewöhnlicher Herstellungsbetrieb kommt daher nur selten mit diesen Teilen in Berührung.

[33] Vgl. EASA (2023) – GM1 21.A.804(a)(3).

Mithilfe dieser Dokumente können Arbeiten strukturiert, verständlich und in der richtigen Weise durchgeführt werden. Dem Personal wird so am ehesten unmissverständlich klar gemacht, was, womit, wie zu leisten ist und welche Eigenschaften und Merkmale das Teil am Ende der Bearbeitung aufweisen soll.

Solche Hilfestellungen gewährleisten, dass alle Tätigkeiten auf der operativen Ebene systematisch, wiederholt in gleicher Qualität und rückverfolgbar durchgeführt werden können.

Es ist darauf zu achten, dass bei der Beschreibung der auszuführenden Arbeiten den besonderen Anforderungen etwaiger kritischer Einheiten oder Schlüsselmerkmale Rechnung getragen wird. Dies kann zum Beispiel geschehen

- durch zusätzliche oder intensivere Prüf- und Verifizierungsaktivitäten (Anweisung von Zweitkontrollen),
- durch Reduzierung von Toleranzwerten in der technischen Dokumentation oder
- durch einen besonderen Hinweis „Kritisches Bauteil" in den Arbeitskarten.

Grundsätzlich sind alle Herstellungsprozesse zu definieren und den Mitarbeitern als Dokument zur Verfügung zu stellen.[34] Dabei sollte, wo immer möglich, auf Industriestandards zurückgegriffen werden.[35] Ist das der Fall, muss zu diesen Herstellungsverfahren keine zusätzliche innerbetriebliche Vorgabedokumentation vorliegen. Es reicht dann eine Referenz auf die anwendbaren Standards im Fertigungsauftrag oder in den Manufacturing bzw. Design Data.

Anders als in der Instandhaltung muss in der Herstellung nicht darauf geachtet werden, dass in ein Luftfahrzeug verbaute Bauteile nur mit einer offiziellen Freigabebescheinigung eingebaut werden dürfen. In der Herstellung ist auch jenseits von Norm- und Standardteilen ein CoC ausreichend. Die fehlende Bestätigung der Lufttüchtigkeit wird im Part 21/G am Ende immer durch den OEM über die Ausstellung der Konformitätsbescheinigung für das Luftfahrzeug (EASA Form 52) geheilt.

Besondere Aufmerksamkeit ist auf kritische Einheiten zu richten. Sind diese durch den Entwicklungsbetrieb definiert, müssen für deren Umgang und Steuerung Maßnahmen festgelegt sein (z. B. Doppelkontrollen, Zwischenprüfungen, Toleranzen). Nach luftrechtlicher Definition gibt es diese jedoch nur im Triebwerksbereich

[34] Vgl. EASA (2019b) – 21.A.139 (e).

[35] Vgl. EASA (2018a, b) – Article 12. Für Standardverfahren wird in der Luftfahrtindustrie oft auf FAA (1998) zurückgegriffen. In diesen Advisory Circular *Techniques, and Practices – Aircraft Inspection and Repair* hat die amerikanische Luftaufsichtsbehörde Standards definiert.

und für Drehflügler und gelten für Bauteile oder Systeme deren Versagen zu Vorkommnissen der Kategorie *hazardous* bzw. *catastrophic* führen.[36]

vi) Inspektionen und Prüfungen, auch Flugprüfungen im Rahmen der Herstellung

Durch Inspektionen und Prüfungen soll verhindert werden, dass nichtkonforme Teile in Verkehr gelangen und so eine Gefährdung der Flugsicherheit darstellen. Prüfungen können zu festen Prüfpunkten in der Wertschöpfung, bei Übergabe zwischen Produktionsbereichen bzw. Arbeitsschritten oder am Ende der Leistungserbringung stattfinden.

Prüfungen und spezifische Prüfmittel werden durch die Design Data vorgegeben. Meist werden diese noch um herstellungsbetriebliche Prüfvorgaben ergänzt, so etwa In-Process- oder Zwischenprüfungen.

Prozessbeschreibungen, Prüfvorgaben und Testanweisungen, technische Durchführungsvorgaben, Arbeitskarten oder allgemein anerkannte Prüfmethoden können bei der Ausarbeitung oder Durchführung von Prüfschritten Hilfestellung bieten.

Sind Messungen durchzuführen, bei denen ein Mensch ohne Hilfsmittel den genauen Wert nicht feststellen kann, ist ein kalibriepflichtiges Prüf- und Messmittel anzuwenden (z. B. Messungen ab Millimeter oder Druckmessungen). Messmittel, die nicht der Kalibrierungspflicht unterliegen (z. B. in der Lehrwerkstatt), sind als solche zu kennzeichnen.

Fremdkörperkontrollen (FOD)

Ein gesondertes Augenmerk im Rahmen von Prüfungen und Inspektionen ist auf Fremdkörperkontrollen zu legen (Foreign Object Debris, FOD).[37] Hierbei ist auf Verschmutzungen und zurückgelassene Teile zu achten, die Produkte oder Baugruppen beschädigen oder kontaminieren können. Typische Beispiele für FOD-Risiken sind nicht entfernte Bohrspäne, Kabelreste sowie im Produkt zurückgelassene Betriebsmittel oder Kleinteile (z. B. Schrauben). Auch Handys, Werkzeuge, Tücher, Münzen und andere private Utensilien werden regelmäßig bei Fremdkörperkontrollen gefunden. Zudem fallen auch Oberflächenverunreinigungen unter das FOD-Thema. Um Fremdkörpern vorzubeugen sind ggf. Prüfungen (z. B. Sichtprüfungen, Schütteltest, Zählungen) in den Arbeitskarten anzuweisen.

Eine typische FOD-Maßnahme bilden regelmäßige Vollständigkeitskontrollen bei Betriebsmitteln. Um hier beherrschte Bedingungen zu schaffen, ist ein dokumentiertes Verfahren zu definieren, das Häufigkeit und Umfang der Kontrollen festlegt. Des Weiteren muss darin ein Vorgehen für den Fall bestimmt sein, dass ein Betriebsmittel abhanden gekommen ist.

[36] Vgl. EASA (2020c).

[37] Vgl. EASA (2023) – GM No 3 to 21.A.165(c): (13.).

Kritische Einheiten

Unter Safety-Aspekten überrascht die enge luftrechtliche Auslegung kritischer Einheiten. Schließlich gibt es damit luftrechtlich bei Flugzeugen per Definition keine kritischen Einheiten. Unter dem Gesichtspunkt der Produktsicherheit ist es daher ratsam, zusätzlich auf die allgemeine Auslegung der EN 9100 zurückzugreifen. Danach sind kritische Einheiten „z. B. Funktionen, Teile, Software, Merkmale, Prozesse, die eine signifikante Auswirkung auf die Bereitstellung und auf die Verwendung des Produkts ... haben... [und] die bestimmte Maßnahmen erfordern... Beispiele kritischer Einheiten umfassen sicherheitsrelevante Einheiten, bruchkritische Einheiten und aufgabenkritische Einheiten."[38]

Unter diesen Abschnitt vi) fallen ebenfalls Flugprüfungen/Testflüge, die nach einem genehmigten Flight Test Operating Manual (FTOM) durchzuführen sind. Details hierzu sind in 21.A.143a)(13) geregelt.

vii) Kalibrierung von Werkzeugen, Vorrichtungen und Prüfeinrichtungen

Alle in der Herstellung verwendeten Werkzeuge, Vorrichtungen und Prüfeinrichtungen müssen stets in einem verwendungsfähigen Zustand sein. Dieser Abschnitt zielt sowohl auf die Kalibrierung von Mess- und Überwachungsmitteln als auch auf typische Prüf- und Wartungsaktivitäten an allgemeinen Betriebsmitteln, wie Maschinen, Plattformen, Femis und Werkzeugen. Der Herstellungsbetrieb definiert die Zyklen der Überwachung.

Eine solide Richtschnur für die Anforderungen an Kalibrierungen von Mess- und Überwachungsmitteln bietet die EN 9100 im Abschn. 7.1.5. Grundsätzlich kommen folgende Prüfarten infrage:

- innerbetriebliche Überprüfung (z. B. Prüfung eines Drehmomentschlüssels vor jedem Einsatz),
- Werkskalibrierung (Kalibrierung im eigenen Betrieb oder externe Prüflabore ohne eine Akkreditierung nach ISO 17025)
- Kalibrierung nach anerkanntem Standard (nur Prüflabore mit einer Akkreditierung nach ISO 17025). Eine Kalibrierung im luftrechtlichen Sinne ist ausschließlich eine Kalibrierung nach anerkanntem Standard.

Fallen bei Überwachungen Mängel auf, ist zu prüfen, ob die Einschränkungen in der Funktionstüchtigkeit Einfluss auf das Prüfergebnis zuvor geprüfter Teile hatten. Dafür ist der Blickwinkel zunächst auf die Aufzeichnungen früherer Prüfungen zu richten, um den zeitlichen Umfang des Mangels einzugrenzen. Weitere Hinweise zum weiteren Vorgehen gibt der folgende Abschn. viii).

[38] Vgl. EN 9100, Abschn. 3.2 (kritische Einheiten).

viii) die Kontrolle über mangelhafte Teile

Eine allgemeine Begleiterscheinung des Betriebsgeschehens ist die gelegentlich unsachgemäße Ausführung der Herstellungsarbeiten, sodass ein Teil nicht mehr den Design Data entspricht. Dabei spielt es keine Rolle, ob sich das fehlerhafte Teil noch in der betrieblichen Wertschöpfung befindet oder ob dieses bereits ausgeliefert wurde. In beiden Fällen besteht sofortiger Handlungsbedarf. Im Vordergrund steht die Schadensbegrenzung und Fehlerbehebung, um mögliche Gefahren für die Luftsicherheit zu beseitigen.

Zum Umgang mit Nichtkonformitäten ist ein Prozess zu etablieren, welcher sicherstellt, dass mangelhafte Teile ausgesondert, gekennzeichnet und gelenkt werden. Eine solide Richtschnur zur Steuerung mangelhafter Teile bietet die EN 9100 in Abschn. 8.7.

Den ersten Schritt nach Identifizierung mangelhafter Teile bilden Sofortmaßnahmen. Diese umfassen in jedem Fall die Aussonderung der betroffenen Teile (Verbringung ins Sperrlager). Zudem sind diese eindeutig zu kennzeichnen inkl. Kurzbeschreibung der Nichtkonformität, sodass deren Zustand klar erkennbar und der Fehler nachvollziehbar bleibt.

Wurden betroffene Produkte bereits ausgeliefert, muss der Kunde in Kenntnis gesetzt. Unter Umständen ist auch der verantwortliche Entwicklungsbetrieb zu informieren, um potenzielle Konsequenzen bei einer möglichen Funktionseinschränkung des Bauteils zu bewerten. Bei schweren Herstellungs- oder Designfehlern ist überdies die Luftaufsichtsbehörde in Kenntnis zu setzen. In diesem Fall muss der Prozess zum Occurrence Reporting entsprechend 21.A.3A gestartet werden.

Gefälschte Teile (Bogus Parts) oder Teile zweifelhafter Herkunft (Suspected unapproved Parts) werden analog zu mangelhaften Teilen behandelt.[39]

ix) die Koordination der Lufttüchtigkeit mit dem Antragsteller oder Inhaber einer Gerätezulassung

Die Koordination zwischen dem Herstellungsbetrieb und dem Entwicklungsbetrieb/ETSO-Halter muss schriftlich festgelegt sein. Grundlage hierfür bildet das DO/PO Arrangement. Details sind in Abschn. 21.A.133 beschrieben.

x) die Erstellung und Aufbewahrung von Aufzeichnungen

Zu sämtlichen Herstellungsaktivitäten müssen Aufzeichnungen erstellt werden, um eine Rückverfolgbarkeit zu ermöglichen. Salopp gesagt, muss erkennbar werden, wer, was, wann gemacht hat. Um hier Klarheit zu schaffen, sind Art und Umfang notwendiger Aufzeichnungen durch Vorgaben festzulegen.

Die Art des Aufbewahrungs- und Archivierungsmediums (Papier, EDV, Video, etc.) wird nicht vorgeschrieben. Entscheidend sind eine definierte Sortierstruktur (Datensicherung z. B. nach Produkt, Auftrag oder Datum) und ein Schutz vor nachträglicher Veränderung. Wird

[39] Siehe auch Unterabschnitt 21.A.139 (d) (iii) dieses Buchs.

bei elektronischer Sicherung ein PDF-Format gewählt, so muss es sich dann um PDF A1a oder A1b handeln.

Im Rahmen der Archivierung ist zudem festzulegen, wie die Lesbarkeit der Aufzeichnungen (Datensicherung bzw. -speicherung, Schutz vor Brand, Überschwemmung) und wie der Schutz der Daten vor unbefugtem Zugriff während der Aufbewahrungszeit sichergestellt ist. Für weitere Details zur Archivierung siehe 21.A.5.

xi) die Sachkunde und die Qualifikation der Mitarbeiter

Ein 21/G-Betrieb muss Art und Umfang der erforderlichen Personalqualifikation definieren. Üblicherweise ergibt sich diese aus Stellenprofilen oder einer Qualifikationsmatrix. Denkbar sind auch Verweise auf Branchenstandards (z. B. EN 4179 für NDT) oder behördliche Umsetzungsvorgaben (z. B. AMC). Solche Anforderungen sind auch an die Lieferkette zu stellen (z. B. Qualifikation für Schweißpersonal[40]).

Detailliertere Hinweise zur Personalqualifikation finden sich in den Erläuterungen im Abschn. 21.A.145 in diesem Buchs.

xii) die Ausstellung von Lufttüchtigkeitsdokumenten

Nach Abschluss der Herstellung muss der 21/G-Betrieb bestätigen, dass das Bauteil oder Produkt den Design Data entspricht und sich in einem lufttüchtigen Zustand befindet.

- Bei Bauteilen erfolgt dies mittels der Bauteilfreigabebescheinigung EASA Form 1.
- Bei Luftfahrzeugen erfolgt die Freigabe über die Ausstellung einer Konformitätserklärung, dem Aircraft Statement of Conformity. Hierzu wird mit der EASA Form 52 die Lufttüchtigkeit und Übereinstimmung mit der Musterbauart bestätigt.

Der Prozess einer Freigabe untergliedert sich in zwei Prüfbestandteile. Einerseits ist die Hardware, also die ausgeführte Arbeit zu inspizieren, andererseits ist die zugehörige Dokumentation zu prüfen. Beide Tätigkeiten laufen dem Ausstellen des Freigabedokuments zeitlich unmittelbar voraus. Die Freigabebescheinigung muss *vor* dem Einbau (Komponente) bzw. vor dem Flugbetrieb (Luftfahrzeug), jedoch erst *nach* ordnungsgemäßer und vollständiger Vollendung der Herstellung ausgestellt werden.

In einem Freigabezertifikat sind wesentliche Angaben zur durchgeführten Arbeit enthalten. Hierzu zählen u. a. eine eindeutige Kurzbeschreibung des freigegebenen Bauteils oder Produkts, der Revisionsstand der verwendeten Design Data, Datum der Ausstellung, Unterschrift des freigebenden Mitarbeiters oder ggf. (elektronischer) Stempel sowie die Nennung des Betriebs in dessen Namen die Freigabe erfolgt. Details zur Ausstellung einer EASA Form 1 müssen in einer Ausfüllanleitung festgelegt sein. Weitere Hinweise zum Ausfüllen einer EASA Form 1 sind im Anhang II dieses Buchs beschrieben.

---

[40] Vgl. DFS (2015).

Ein behördlich anerkanntes Freigabedokument darf ausschließlich durch entsprechend qualifiziertes und berechtigtes Personal (Certifying Staff) ausgestellt werden. Dabei handelt das freigabeberechtigte Personal zwar hinsichtlich der Freigabeentscheidung unabhängig von Weisungen der Vorgesetzten, spricht die Freigabe aber nicht im eigenen Namen aus, sondern in dem des behördlich anerkannten Betriebs. Der freigebende Mitarbeiter bestätigt im Namen des 21/G-Betriebs, dass die Herstellung

- durch einen behördlich anerkannten Herstellungsbetrieb im Rahmen des zugelassenen Genehmigungsumfangs *und*
- entsprechend den genehmigten betrieblichen Verfahren *und*
- gemäß den anwendbaren Konstruktionsdaten des Entwicklungsbetriebs (Applicable Design Data)

ordnungsgemäß durchgeführt wurde und sich das freigegebene Luftfahrzeug bzw. Bauteil in einem betriebssicheren Zustand befindet. Eine Freigabebescheinigung darf nicht ausgestellt werden, wenn Tatbestände bekannt sind, die die Flugsicherheit ernsthaft beeinträchtigen.[41]

Bauteil-Freigabebescheinigungen dürfen im Übrigen auch remote ausgestellt werden, also ohne, dass der Freigabeberechtigte das individuell freizugebende Bauteil jemals „in der Hand gehabt" hat.[42]

Freigabe von Bauteilen ohne EASA Form 1[43]
Seit 2022 dürfen ausgewählte (neue) Bauteile auch ohne EASA Form 1 (nun auch in der Instandhaltung) verbaut werden. Voraussetzung ist, dass diese keinen nennenswerten Safety-Einfluss auf das Luftfahrzeug haben. Zudem muss der TC-Halter dem grundsätzlichen Verzicht auf eine EASA Form 1 zugestimmt haben. In diesem Fall darf das Bauteil mit einem CoC freigegeben werden. Insoweit müssen diese Bauteile dann auch nicht mehr zwangsläufig über einen nach Part 21/G genehmigten Herstellungsbetrieb produziert und ausgeliefert werden.[44]

Diese Vorgabe zielt primär auf die Herstellung für den Ersatzteilmarkt und den Einbau durch Instandhaltungsbetriebe mit einer Genehmigung nach Part 145.

Norm- und Standardteile[45]
Standardteile sind normierte Teile, die in Übereinstimmung mit einer anerkannten Spezifikation hergestellt werden. Solche Spezifikationen sind üblicherweise als Industriestandard anerkannt und geben Kriterien für die Konstruktion, Herstellung, Prüfung, Abnahme und

---

[41] Vgl. EASA (2023) – 21A.165 (c).

[42] Vgl. EASA (2020a).

[43] Vgl. EASA (2023) – 21.A.307 (b)(3).

[44] Aufgrund des hohen Aufwands für den TC-Halter ist nicht damit zu rechnen, dass in der betrieblichen Praxis in großem Umfang von dieser Zertifizierungserleichterung bei bereits zugelassenen Flugzeugmustern Gebrauch gemacht wird.

[45] Vgl. 21.A.303 und 21.A.307.

Kennzeichnung vor.[46] Beispiele sind ISO, EN- oder DIN-Teile sowie Teile nach ANSI oder ASTM.

Idealerweise gibt der TC-Halter für sie einen Standard Parts Katalog heraus.

Norm- und Standardteile sind ohne EASA Form 1 in ein Luftfahrzeug einzubauen.[47] Diese ist hier nicht vorgesehen. Für sie ist ein Certificate of Conformity (CoC), ausreichend. Damit bestätigt der Ausführende dann, dass die Arbeit entsprechend der Beauftragung, also entsprechend dem Standard bzw. der definierten Spezifikation ausgeführt wurde.

Elektronische Ausstellung der EASA Form 1[48]
Für die Bescheinigung kann entweder ein Papiervordruck oder ein elektronisch generiertes Freigabezertifikat herangezogen werden. Die Einführung eines elektronischen Signaturverfahrens stellt eine signifikante Änderung dar und muss durch die Behörde *vor* Einführung genehmigt werden.

Voraussetzung hierfür ist, dass ein angemessenes IT-Sicherheitsniveau im Hinblick auf Ausstellung, Aufzeichnung und Aufbewahrung sichergestellt wird.

Erfolgt die Ausstellung der EASA Form 1 elektronisch, muss diese stets auf einen spezifischen freigabeberechtigten Mitarbeiter zurückzuführen sein und darf nach der Unterzeichnung nicht geändert werden können. Zudem muss das Ausstellen von Blanko-Formularen ausgeschlossen sein.

Ist vorgesehen, dass Betriebe und Lieferanten diese elektronischen EASA Form 1's untereinander austauschen, müssen die Betriebe hierzu ein abgestimmtes Verfahren vereinbaren.

xiii) die Handhabung, Lagerung und Verpackung
Jeder Betrieb muss Vorgaben und Maßnahmen nachweisen, die darauf abzielen, eine Zustandsverschlechterung von Produkten, Bauteilen oder Halbfertigwaren, etc. zu verhindern. Dazu sind, wo notwendig, Vorgaben an deren Handhabung und Lagerung sowie an Transport, Verpackung und Versand zu definieren.

Die Erfüllung der Anforderungen erfordert oft nur sog. Good Workmanship, also gesunden Menschenverstand, welcher auch für einen weniger erfahrenen (aber mitdenkenden) Mitarbeiter selbstverständlich sein sollte. An anderen Stellen sind Vorgaben festzulegen und zu beachten, die nur qualifizierte Mitarbeiter mit spezifischem Produkt-, oder Prozesswissen für ihre Tätigkeiten benötigen. Solche Vorgaben werden oft durch den Materiallieferanten bzw. Hersteller (OEM) in Form von Spezifikationen sowie Produkt- oder Materialdatenblättern zur Verfügung gestellt. Wo dies nicht gegeben ist, sollte auf Normen und andere anerkannte Standards zurückgegriffen werden.

---

[46] Vgl. EASA (2023) – GM No 2 to 21.A.303(c).

[47] Vgl. 21.A.307 (a).

[48] Vgl. EASA (2023) – AMC No. 1 to 21.A.163(c). Wird die Einführung eines elektronischen Signaturverfahrens angestrebt, sollte sich der Betrieb zudem mit den Anforderungen des deutschen Signaturgesetzes vertraut machen.

Im Folgenden werden Beispiele für typische Anforderungen an die Erhaltung von Material und Bauteilen aufgelistet.[49]

Handhabung und Transport

- Produktionsmitarbeiter sind darauf zu schulen, Produktmängel durch das Verhindern und Auffinden von Fremdkörpern (FOD) zu erkennen und zu minimieren.
- ESD-sensitive Teile sind nur unter fachgerechten Schutzmaßnahmen zu bearbeiten, da sie bei unsachgemäßer Behandlung zerstört oder vorgeschädigt werden können.
- Bei empfindlichen Teilen und Materialien sind klare Vorgaben zu Transport und Verpackung zu machen und einzuhalten.
- In der Kühlkette, z. B. von Prepags, sind während des Transports die Temperaturvorgaben zu beachten und zu verfolgen (z. B. durch der Ware beigefügte Temperaturlogger).

Lagerung

- Um kontrollierte Lagerbewegungen sicherzustellen, ist der Zugang zum Lager auf berechtigtes Personal zu beschränken.
- Temperatur, Luftfeuchtigkeit, UV-Einstrahlung dürfen nicht zu einer Zustandsverschlechterung der eingelagerten Produkte und Materialien führen.
- Nicht lufttüchtiges Material ist zu kennzeichnen und räumlich getrennt von lufttüchtigem Material zu lagern.[50]
- Fehlerhaftes Lagermaterial oder solches mit unbekannten Status ist zu kennzeichnen und in ein Sperrlager zu verbringen, um den unbeabsichtigten Gebrauch
- Materialien mit begrenzter Haltbarkeit bedürfen der Lagerzeitüberwachung (Shelf life).
- Um das Risiko von Produkt- oder Materialbeschädigungen während der Lagerung bzw. der Ein- und Auslagerung zu minimieren, sind, wo immer sinnvoll, entsprechende Schutzmaßnahmen zu ergreifen. So ist z. B. durch trennendes Schutzmaterial Oberflächenbeschädigungen vorzubeugen. Falls nötig sind bei der Handhabung zusätzlich Handschuhe zu tragen. Zahlreiche Faserverbundmaterialien müssen während der Lagerung gekühlt, flach und frei von Druckbelastung gelagert werden.
- Gefahrstoffe sind mit einem Warnhinweis zu kennzeichnen und gesondert zu lagern.

Verschrottung

Für die Verschrottung vorgesehene Teile sind auffällig und dauerhaft als solche zu kennzeichnen, durch Zerstörung unbrauchbar zu machen und in einer entsprechenden (Sonder-) Mülltonne zu entsorgen. Die Verschrottung hat also auf eine Art und Weise zu erfolgen, dass

[49] Vgl. Hinsch (2022, S. 298 ff.).

[50] Als lufttüchtiges Material gilt solches, dass für die Herstellung von Luftfahrzeugbauteilen verwendet werden kann und sich in einem verwendungsfähigen Zustand befindet.

die Teile als solche leicht identifizierbar bleiben und von weiterer Verwendung ausgeschlossen sind. Wenn keine Zerstörung möglich ist (z. B. Kleinteile wie Niete Schrauben, Brackets, etc.), sind die zu verschrottenden Bauteile in einem Behältnis zu entsorgen, beim dem den Mitarbeitern nach Einbringen des Schrottmaterials ein unmittelbarer Zugriff verwehrt ist.

Aus dem Part 21/G leitet sich nicht ab, dass ein Schrottbehälter/-container oder ein Sperrlager abgeschlossen sein müssen. Es sind aber kontrollierte Bedingungen sicherzustellen, mittels derer die Wieder-Inverkehrbringung zur Verschrottung vorgesehener Teile in den regulären Materialkreislauf ausgeschlossen ist.

Es ist es zulässig, die finale Verschrottung und Entsorgung einem qualifizierten Fachbetrieb zu überlassen.

xiv) interne Qualitätsaudits und erforderliche Nachbesserungsmaßnahmen

Aus dem 21/G-Regelwerk ergibt sich die Notwendigkeit, interne Audits durchzuführen und das Auditwesen zu beschreiben. Für die Steuerung ist ein Auditprogramm vorzuhalten.

Im Kern muss es sich um Systemaudits handeln, weil die Wirksamkeit des PMS nur so beurteilt werden kann. Dabei ist es aber sinnvoll, auch Züge des Prozess- z. T. verknüpft mit Elementen eines Produktaudits anzuwenden, um den Abstraktionsgrad zu reduzieren. So wird zudem die Verständlichkeit und die Akzeptanz bei den auditierten Personen gesteigert.

Jedes Element des Qualitätssystems ist in der betrieblichen Praxis mindestens einmal innerhalb von 24 Monaten zu auditieren.[51] Die Auditintervalle sind auf Grundlage folgender Parameter zu bestimmen:[52]

- einer herstellungsbetrieblichen Risikobewertung,
- Kritikalität des Auditobjekts (Prozess, Herstellungsverfahren, Arbeitsschritt, etc.),
- die betriebliche Safety Performance (z. B. Non-Conformities, Abweichungen von Prozessparametern, Reklamationen, Garantie-Inanspruchnahmen),
- frühere Auditfindings.

Bei Bedarf sind zusätzlich ungeplante Audits (z. B. bei Vorkommnissen) durchzuführen.

Werden Abweichungen zu den Vorgaben identifiziert, sind Ursachenanalysen, Korrekturen und Korrekturmaßnahmen zu ergreifen.

Auditierungen müssen durch eine unabhängige Stelle im Betrieb durchgeführt werden.[53] Ein Auditor darf also seinen eigenen Bereich nicht selbst auditieren. Alternativ zur betriebsinternen Auditdurchführung sind externe Auditoren zulässig.

---

[51] Dieser Wert ergibt sich implizit aus den Vorgaben für die Behörden gem. EASA (2023) – 21.B.222, die in der Verpflichtung stehen, alle Teile eines Herstellungsbetriebs einmal in 24 Monaten zu überwachen.

[52] Vgl. EASA (2023) – AMC1 21.A.139(f) (5).

[53] Weitere Anforderungen an den Aufbau eines internen Auditwesen finden sich im EASA (2023) – AMC 1 to 21.A.139(d)(2).

Im Hinblick auf die Qualifikation der Auditoren wird erwartet, dass diese Kenntnis des zu auditierenden Regelwerks haben und methodisch zur Durchführung von Audits qualifiziert sind. Dazu wird üblicherweise der Nachweis einer Teilnahme an einem 21/G Lehrgang und einem Auditorenlehrgang nach ISO 19011 erwartet.

Die Auditergebnisse sind regelmäßig an den verantwortlichen Betriebsleiter zu melden.

xv) die Durchführung von Arbeiten im Rahmen der Genehmigung außerhalb der zugelassenen Einrichtungen

Manche Herstellungsaktivitäten können erst abgeschlossen werden, wenn das hergestellte Teil in ein anderes Bauteil oder System integriert wurde. Solche Abschlussarbeiten finden in der betrieblichen Praxis gelegentlich an Orten statt, die nicht zu den genehmigten Betriebsstätten gehören. Ein solcher Fall läge zum Beispiel vor, wenn ein Kabelhersteller einen zugehörigen Stecker erst dann anlöten kann, nachdem das Kabel durch eine Öffnung im Bauteil vor Ort beim Kunden durchleitet wurde.

Solche Herstellungsaktivitäten außerhalb der zugelassenen Betriebsstätten müssen im POE beschrieben und behördlich akzeptiert sein. Dies erfolgt für jeden dieser Fälle über eine bei der Luftaufsichtsbehörde zu beantragende Einzelgenehmigung.[54] Es ist zu beachten, dass es sich tatsächlich um gelegentliche und nicht um regelmäßige Herstellungsarbeiten außerhalb der eigenen Einrichtungen handelt. In der Praxis werden mehr als fünf Einsätze innerhalb von zwölf Monaten am selben Ort üblicherweise nicht mehr als gelegentlich eingestuft. Dann ist eine Erweiterung der Betriebsstätte zu beantragen.

xvi) Durchführung von Arbeiten nach Abschluss der Herstellung, jedoch vor der Auslieferung, zur Erhaltung des betriebssicheren Zustands des Luftfahrzeugs

Mit Abschluss der Herstellung von Luftfahrzeugen wird die Konformität anhand der EASA Form 52 bestätigt.

Erfolgen danach weitere Arbeiten vor Übergabe des Luftfahrzeuges an den Kunden, so geschieht dies üblicherweise im D1 Rating, also der Instandhaltung im Rahmen der Herstellung. Solche Arbeiten werden dann mit einer EASA Form 53 freigegeben. Typische Anwendungsfälle sind

- Software-Updates von Cabin Entertainment Systemen
- nachträgliche Einarbeitung von ADs oder Service Bulletins (SBs)
- Storage Programme wegen längerer Zeiträume zwischen Fertigstellung des Luftfahrzeugs und Übernahme durch den Kunden. Diese umfassen z. B. Konservierungen oder laufende Inspektionen.

[54] Vgl. LBA (2017). Die Beantragung erfolgt online oder mittels Formblatt, das im Merkblatt enthalten.

xvii) die Erteilung der Fluggenehmigung und Genehmigung der zugehörigen Flugbedingungen
Diese Vorgabe zielt ausschließlich auf Herstellungsbetriebe von kompletten Luftfahrzeugen, also 21/G-Betrieben im A-Rating. Fluggenehmigungen (Permit to fly) sind notwendig, wenn Prüfflüge im Rahmen der Herstellung vor Übergabe an den Kunden durchgeführt werden.

Im Rahmen der Erteilung von Fluggenehmigungen gibt es zwei Fälle:

1. Herstellungsbetriebe beantragen vor Flügen eine individuelle Genehmigung bei der Luftaufsichtsbehörde für jeden einzelnen Flug (EASA Form 20a).
2. Betriebe können über ein Privileg der Luftaufsichtsbehörde berechtigt werden, Fluggenehmigungen für sich selbst zu erteilen. Sie erhalten einen erweiterten Genehmigungsumfang, nämlich in Ergänzung zum A-Rating auch das D2-Rating (Issue of Permit to fly). In diesem Fall genehmigt die Behörde nur das allgemeine Verfahren und nicht jeden einzelnen Flug. Der Betrieb darf dann eine EASA Form 20b für sich selbst ausstellen.

In beiden Fällen sind vor jedem Flug die Flugbedingungen (Flight Condition) zu bestimmen, um die Übereinstimmung mit den Design Data und die Lufttüchtigkeit des Luftfahrzeugs zu bestätigen.

21.A.139(e) – Dokumentation des PMS
Das Produktionsmanagementsystem (PMS) ist mit all seinen Prozessen als Bestandteil des POE schriftlich festzulegen. Die PMS Prozesse sind Bestandteil des POE als zentrales betriebliches Dokumentationsmedium. Details regelt 21.A.143.

Eine Richtschnur zum Umfang der schriftlich zu fixierenden Prozesse und Verfahren bietet die POE Compliance Checklist der EASA unter der Überschrift *Quality System.*[55]

21.A.139(f) – Überwachung des PMS
Wesentlicher Bestandteil eines PMS ist die kontinuierliche Betriebsüberwachung. In der Praxis kommt diese Aufgabe dem Qualitäts- bzw. Safetymanager (auch Compliance Monitoring Manager – CMM) als Stabstelle des verantwortlichen Betriebsleiters (Accountable Managers) zu. Der Compliance Monitoring Manager muss das Production Management Systems im Hinblick auf Einhaltung, Angemessenheit und Wirksamkeit der Vorgaben und Verfahren bzw. Prozesse entsprechend den luftrechtlichen Vorgaben laufend überwachen und dessen nachhaltige Leistungsfähigkeit sicherstellen.

Der Compliance Monitoring Manager muss unabhängig in seiner Aufgabendurchführung sein. „Unabhängig" bedeutet, dass die Überwachung frei von Weisungen stattfindet. Es dürfen weder über- noch untergeordnete Abhängigkeiten zu den zu überwachenden Betriebsteilen bestehen. Zudem muss der verantwortliche QM-Manager Zugang zu allen relevanten Betriebsteilen und Dokumenten bzw. Reporting-Strukturen haben.

---

[55] Vgl. EASA (2020b).

Bei den Prüf- und Überwachungsaktivitäten muss es sich um interne Qualitäts- bzw. Safety Audits und Prozessmessungen handeln. Weitere Aktivitäten der betrieblichen Überwachung können strukturierte Erfahrungsaustausche, regelmäßige Qualitätssitzungen, Brainstormings, KPI- oder Projekt-Reviews sein.

Ziel dieser Überwachungsaktivitäten ist einerseits die Feststellung der Vollständigkeit und Angemessenheit der Vorgabedokumentation sowie andererseits die Bewertung der Umsetzung und Wirksamkeit im betrieblichen Alltag.

Können die Anforderungen an Produktionsmanagementsystem nicht hinreichend nachgewiesen werden, sind durch den Qualitäts- bzw. Safety Manager Ursachenanalysen (Root-Cause-Analysen) und Nachbesserungsmaßnahmen anzuordnen. Deren wirksame Umsetzung ist abschließend zu bewerten.

Das unabhängige Überwachungssystem muss eine Feedbackschleife an den Accountable Manager vorsehen, damit Systemschwächen der Unternehmensleitung bekannt gemacht und so entsprechende Korrekturen angeordnet werden.[56] Dies kann z. B. mittels Reviews oder Reportings sichergestellt werden. Auf diese Weise wird ein PDCA-Zyklus der Compliance Einhaltung sichergestellt.

21.A.139(g) – Erleichterungen bei Mehrfachgenehmigungen[57]

Betriebe, mit mehr als einer behördlichen Genehmigung können ihre Managementsysteme zusammenfassen. Betriebe benötigen daher nicht mehrere luftrechtliche Managementsystem-Strukturen, sondern dürfen ihre Aktivitäten in einem System vereinen. Zugleich können hierin auch weitere, nicht explizit luftrechtlich relevante Qualitäts-, Arbeitsschutz- und Umweltmanagementsysteme integriert werden. Betriebe mit mehreren Genehmigungen aus verschiedenen behördlichen und nicht-behördlichen Managementsystem erleichtert diese neue Vorgabe die Zusammenfassung ihrer Handbücher. Vor allem aber führt eine betriebsumfassende Verwaltung von Sicherheitsrisiken dazu, dass Synergien genutzt und zugleich Doppelarbeit vermieden werden und ein ganzheitlicher risikobasierter Ansatz gefördert wird.[58]

2.7 21.A.143 – Selbstdarstellung

Herstellungsbetriebe müssen über ein Managementhandbuch (Production Organisation Exposition – POE) verfügen. Dieses ist eine Beschreibung der Herstellungsorganisation im Allgemeinen und des Produktionsmanagementsystems (PMS) im Speziellen. Es

[56] Vgl. IR Initial Airworthiness – 21A.139 (f).

[57] Vgl. auch EASA (2023) – GM1 21.A.139(c).

[58] Vgl. EASA (2023) – GM1 21.A.139(c).

handelt sich um eine *Selbst*darstellung, über die der eigene Betrieb individuell zu beschreiben ist. Das weitestgehende Kopieren eines bereits genehmigten Handbuchs stößt im Genehmigungsprozess daher üblicherweise auf behördlichen Widerstand.

Das POE ist Bestandteil der Genehmigungsgrundlage. Auch Änderungen an diesem Dokument bedürfen somit einer Zustimmung der Luftaufsichtsbehörde *vor* Umsetzung der Änderung.

Das POE ist wie ein Vertrag zwischen dem Luftfahrt-Bundesamt bzw. Austro Control oder dem BAZL und dem Herstellungsbetrieb zu sehen, mit dem sich der Betrieb zur Einhaltung aller relevanten Vorgaben verpflichtet.

Aufbau, Detaillierungsgrad und Format des Managementhandbuchs sind keinen festen Regeln unterworfen, sondern orientieren sich an den spezifischen Erfordernissen des Betriebs. Der Umfang des Handbuchs richtet sich vor allem nach der Komplexität des PMS und des Produktspektrums. Als Richtschnur zum Aufbau des POE sollte das AMC 145.A.70(a) aus dem Part 145 herangezogen werden.

Es ist zulässig, einzelne Bausteine nicht unmittelbar im Handbuch auszuweisen, wenn dort auf die entsprechenden Anhänge referenziert wird. Typisch ist eine solche Ausgliederung für Prozesse und Verfahren, bei vertraulichen Informationen (z. B. personenbezogene Daten) oder wenn Daten einer hohen Änderungshäufigkeit unterliegen (z. B. Liste der Zulieferer oder die Capability Liste).

Bei Erstellung und Pflege des Handbuchs ist zu berücksichtigen, dass dieses der Information für Mitarbeiter und Führungskräfte dient. Zugleich ist es aber auch eine Außendarstellung des Herstellungsbetriebs und muss daher die spezifischen Anforderungen der Behörde berücksichtigen. Es muss stets dem aktuellen betrieblichen Ist-Zustand entsprechen sowie selbstverständlich jederzeit die Anforderungen des Part 21/G erfüllen. Natürlich sollte das POE auch „leicht verdaulich" lesbar sein, um die Akzeptanz der Mitarbeiter sicherzustellen.

Inhalte

Da das POE eine betriebliche Selbstdarstellung ist, enthält es eine Beschreibung der personellen Ressourcen, der betrieblichen Einrichtungen, der Aufbau- und Ablauforganisation sowie des Tätigkeits- bzw. Genehmigungsumfangs. Im Detail muss das Handbuch folgende Bestandteile enthalten:

1. Das POE muss eine Verpflichtung des verantwortlichen Betriebsleiters beinhalten, mit der sich dieser im Namen des Betriebs zur Einhaltung der darin festgelegten Regeln verpflichtet. Dessen Wortlaut ist präzise festgelegt.[59]

2. Es sind die Positionen und Namen der behördlich anerkannten Manager aufzuführen (Accountable Manager sowie Nominated Manager[60]).

---

[59] Vgl. EASA (2023) – AMC1 21.A.143(a)(1)(c).

[60] Nominated Manager sind 21/G-relevante Führungskräfte der 2. Hierarchieebene (früher Form 4 Halter), Details siehe EASA (2023), IR Initial Airworthiness – 21.A.145 (c).

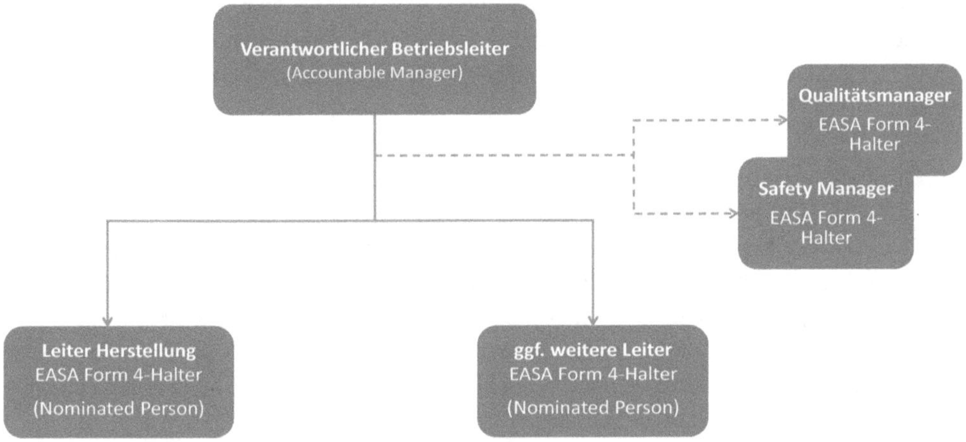

Abb. 2.10 Organigramm eines Herstellungsbetriebs

3. Für die Nominated Manager sind deren Berechtigungen, Verantwortlichkeiten und Aufgaben aufzuführen. Da diese Funktionsträger dem Accountable Manager direkt unterstehen, ist darauf auch strikt im Organigramm zu achten.

4. Die Aufbauorganisation ist mittels Organigramms zu beschreiben. Hinsichtlich des Detaillierungsgrads ist eine Darstellung der ersten und zweiten Hierarchieebene aller luftrechtlich relevanten Organisationseinheiten (inkl. Namen der Führungskräfte) ausreichend (vgl. Abb. 2.10).

5. Es ist eine Liste der freigabeberechtigten Mitarbeiter (Certifying Staff) auf Namensebene zu führen. Diese wird im betrieblichen Alltag oft als Anhang zum POE geführt. Denn einerseits unterliegt diese Liste meist häufigen Änderungen, andererseits wird ein Anhang besser den Anforderungen der DSGVO gerecht.

6. Die Mitarbeiteranzahl ist zu nennen. Hierzu zählen alle direkt und indirekt an der Herstellung beteiligten Mitarbeiter. Neben dem Produktionspersonal zählen zum 21/G-Personal somit auch Führungskräfte, Planer, QM-Personal sowie HR-Mitarbeiter, Logistiker, Wareneingang-Prüfer, etc. Nicht dazu zählen Mitarbeiter die in einem anderen Betriebsbereich tätig sind oder, Betriebsgärtner oder Reinigungspersonal.

7. Der genehmigte Standort ist in groben Zügen zu beschreiben. Dies umfasst üblicherweise einen Grundriss der Produktionsstätten inkl. Flächenangabe, die Aufteilung der Betriebsbereiche sowie eine Aufzählung der wichtigsten Maschinen und Anlagen.

8. Es ist das Produktportfolio zu beschreiben. Hieraus leitet sich dann das Rating bzw. der Genehmigungsumfang und die Capability List ab.[61] Diese Liste enthält das genehmigte Herstellungsportfolio auf Partnummern-Ebene und wird im betrieblichen Alltag als Anhang zum POE geführt.

9. Es ist das Verfahren zu beschreiben, welches die Beantragung von Änderungen der Organisationsstruktur beschreibt. Den Schwerpunkt liegt dabei auf dem Meldewesen gegenüber der Behörde.[62]

10. Es ist ein Verfahren für das Vorgehen bei Änderungen am POE zu beschreiben. Hierbei sollte zwischen direkten und indirekten Änderungen unterschieden werden. Bei indirekten Änderungen handelt es sich um Anpassungen ohne Einfluss auf den betrieblichen Alltag. Diese dürfen durch den Betrieb ohne Einbindung der Behörde umgesetzt werden, müssen aber dieser gegenüber angezeigt werden (nachträglich ausreichend). Beispiele für indirekte Änderungen am POE sind vor allem

- redaktionelle Änderungen, z. B. Rechtschreibung, Visualisierungen
- Änderungen an der Capability List, sofern Herstellungstechnologie und Bauteilfamilie bereits durch den bisherigen Genehmigungsumfang abgedeckt sind,
- Liste des freigabeberechtigten Personals.

Das Verfahren für indirekte Änderungen und insbesondere auch die Abgrenzung zu direkten Änderungen müssen im POE beschrieben sein.

Merkmal direkter Änderungen ist deren unmittelbare Einfluss auf die ursprünglichen Rahmenbedingungen der Genehmigung. Hierbei gilt das Ausschlussprinzip, dass also alle Änderungen, die keine indirekten Änderungen sind, als direkte Änderungen gelten. Direkte Änderungen erfordern die Zustimmung der Behörde *vor* deren Inkrafttreten bzw. Umsetzung.

11. Wesentlicher Bestandteil des POE ist eine Beschreibung des Produktionsmanagementsystems (PMS) einschließlich der Qualitäts- und Sicherheitspolitik sowie der betrieblichen Verfahren.

Alle Anforderungen, die im Part 21/G aufgeführt sind, müssen im POE bzw. in Anhängen in dokumentierter Form vorliegen. Paragraphen, die für einen Betrieb aufgrund des Genehmigungsumfangs oder des Leistungsspektrums nicht anwendbar sind, sollten im Handbuch als nicht anwendbar aufgeführt sein, idealerweise mit kurzer Begründung. Die Form der Prozess- und Verfahrensdarstellungen ist nicht explizit vorgeschrieben und kann als Flow-Chart oder in Prosa, im PDF., HTML-Format, in Dateiverzeichnissen, im Intranet, im ERP-System oder als Hardcopy in Aktenordnern erfolgen.

---

[61] Der Begriff der Capability List kommt aus dem Part 145 und wird formal im Part 21/G nicht verwendet. Mangels eigener 21/G-Begrifflichkeit hat sich dieser jedoch auch in der Herstellung etabliert und wird von Luftaufsichtsbehörden akzeptiert.

[62] Für Details siehe EASA (2023), IR Initial Airworthiness – 21.A.147.

12. Es ist eine Liste der Zulieferer (Lieferanten und Unterauftragnehmer) zu führen. In der Regel sind dies zwei Listen. Eine enthält die anzeigepflichtigen Zulieferer und die zweite führt die genehmigungspflichtigen Unterauftragnehmer. Bei Unterauftragnehmern sind Angaben zu Name, Ort und Art der geplanten Beauftragung an die Behörde zu übermitteln. Die Liste der Zulieferer wird im betrieblichen Alltag oft als Anhang zum POE geführt.

13. Bei Herstellung von kompletten Luftfahrzeugen unter dem A-Rating ist ein Verfahren für Planung und Durchführung von Testflügen festzulegen. Hierzu muss der Betrieb ein Testflugbetriebshandbuch vorhalten (Flight Test Operation Manual – FTOM). Das FTOM hat folgenden Inhalte:

- Verfahren für Testflüge im Rahmen der Herstellung,
- Verfahren zur Ausstellung von Fluggenehmigungen (Permit to Fly),
- Verfahren zu innerbetrieblichen Testflugkategorien und Qualifikationsanforderung der Flugbesatzung gemäß EASA Part 21/G Appendix XII,
- Verfahren zur Testflugausbildung der Flugbesatzung,
- Verfahren zum Mitführen von weiteren Personen außer der Flugbesatzung während der Testflüge,
- Festlegung, wie Aspekte des Risiko- und Safety Managements während der Testflüge berücksichtigt werden,
- Verfahren wie festgelegt wird, welche Instrumente und Ausrüstungen während eines Testflugs mitzuführen sind (z. B. MEL),
- Auflistung aller für ein Testflug relevanten Dokumente.

Integration des POE in andere Handbücher
Die Integration mehrerer QM-Handbücher für unterschiedliche Regelwerke ist im Luftrecht nicht geregelt und so orientierten sich die Betriebe oft an den Empfehlungen des jeweiligen behördlichen Betriebsprüfers. Es wird empfohlen, sich an diese Ratschläge zu halten, da es üblicherweise den Genehmigungsprozess erleichtert.

Exemplarischer Aufbau eines POE separat zu anderen Managementsystemen

1.1. Verpflichtungserklärung des Accountable Managers
1.2. Safety- & Qualitätsstrategie/Politik
1.3. Leitendes Personal
1.4. Pflichten & Verantwortlichkeiten
1.5. Organigramm
1.7. Personalkapazität
1.8. Betriebsstätte
1.9. Genehmigungsumfang/Scope of Work

1.10. Änderungsmeldungen
1.11. POE Änderungen
1.12. Querverweisliste/Cross Reference
2. Produktionsmanagementsystem (inkl. QMS & SMS)
3. Anhänge
Unterauftragnehmer Liste/Subcontractor List
Liste freigabeberechtigtes Personal
Capability List

Exemplarischer Aufbau eines POE bei Integration in ein bestehendes QMH nach EN 9100[63]

(kursiv zusätzlich luftrechtliche Elemente am Bsp. des Part 21/G)

1. Anwendungsbereich
2. Aufbau des Handbuchs
3. Organisation und Verantwortung
4. Kontext der Organisation
5. Führung
6. Planung
7. Unterstützung
8. Betrieb
   Planung, Risikomanagement, Produktsicherheit gefälschte Teile
   Vertrieb
   Entwicklung
   Beschaffung
   Produktion/Dienstleistungserbringung inkl. Freigabe
9. Bewertung der Leistung
10. Verbesserung
11. *Luftrechtliche Anforderungen des Part 21/G*
   Voraussetzungen (21.A.133)
   Zusammenarbeit mit dem Entwicklungsbetrieb (21.A.133, 21.A.3B)
   Ausstellung von Genehmigungen als Herstellungsbetrieb (21A.135)
   Safety Management System (21.A.139 (c))
   Produktionsmanagementsystem ohne SMS-Anteil (21.A.139)
   Occurrence Reporting (21.A.3A)
   Selbstdarstellung (21.A.143 – POE)

[63] Hinsch (2022, S. 358).

Ressourcen (21.A.145)
Aufzeichnungen (21.A.5)
Änderungen in Herstellungsbetrieben (21.A.147, 21.A.148)
Genehmigungen und deren Änderungen (21.A.151, 21.A.153)
Pflichten der Inhaber (21.A.165)
Verstöße (21A.158)
Untersuchungen (21.A.9)

2.8 21.A.145 – Ressourcen

21/G-Betriebe müssen über angemessene Ressourcen verfügen, um sicherzustellen, dass die Herstellung unter beherrschten Bedingungen stattfindet und sichere Produkte ausgeliefert werden. Der Abschnitt unterscheidet dazu in vier Ressourcenkategorien (vgl. Abb. 2.11):

a) Infrastruktur, Ausstattung und Arbeitsumgebung
b) Herstellungsdokumentation
c) Führungskräfte und Mitarbeiter
d) Freigabeberechtigtes Personal

21.A.145(a) – Allgemeine Anforderungen
Produktionsstandorte

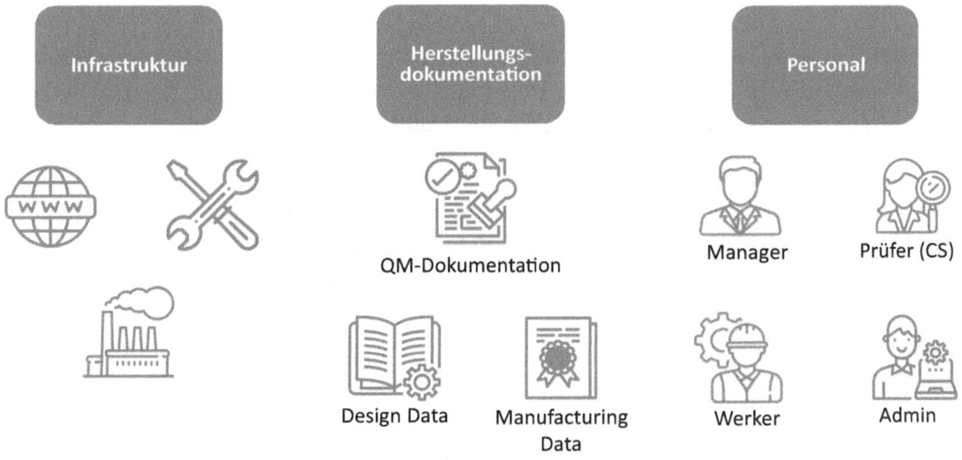

Abb. 2.11 Notwendige Ressourcen der Herstellung nach 21.A.145

Herstellungsbetriebe benötigen für die Durchführung ihrer Aufgaben anforderungsgerechte Fertigungsstandorte. Diese umfassen Hallen, Werkstätten, Teststände, Labore sowie Lagerflächen, Büros und zugehörige Versorgungseinrichtungen. Zur Infrastruktur zählen darüber hinaus die betriebliche IT und Transporteinrichtungen.

Infrastruktur und Ausstattung
Herstellungsbetriebe müssen für den genehmigten Arbeitsumfang über geeignete Betriebsausstattung sowie Ausrüstung und Werkzeuge verfügen.[64] Die Betriebsmittel müssen üblicherweise auf Dauer zur Verfügung stehen und es ist stets deren Funktionsfähigkeit, Genauigkeit und Kennzeichnung sicherzustellen. Zur Überwachung und Prüfung der Betriebsmittel muss ein betriebliches Verfahren definiert sein. Die zugehörige Betriebsmitteldokumentation muss i. d. R. verfügbar sein.

Arbeitsumgebung
Das Luftrecht fordert nicht nur geeignete Räumlichkeiten und Infrastruktur, sondern auch eine angemessene Arbeitsumgebung. Hierzu zählen insbesondere folgende Aspekte:[65]

- Temperatur, Luftfeuchtigkeit und Ventilation,
- Beleuchtung,
- geringe Luftverunreinigung (z. B. Staub),
- Sauberkeit und Ordnung,
- vertretbare Lärmkulisse,
- arbeitsplatzspezifische Durchführungsvorkehrungen, beispielsweise ESD-Schutzmaßnahmen, Lagerbedingungen,
- Arbeitsplätze zum Studieren der technischen Dokumente, betrieblicher Vorgaben sowie von Gesetzen und behördlicher Anweisungen,
- gesicherte Zugänge zu den Produktionsstandorten, inkl. Lager und Archiv.

Als Faustregel gilt, dass die Arbeitsbedingungen derart beschaffen sein müssen, dass es zu keiner Zustandsverschlechterung von Teilen und Werkstoffen noch zur Beeinträchtigung der Leistungsfähigkeit oder übermäßigen Ablenkung des Personals kommen darf.

Personalkapazität und -qualifikation
Ein genehmigter Betrieb muss über eine angemessene Personalkapazität verfügen, um alle Tätigkeiten von der Planung, über die Fertigung bis zur Überwachung und Freigabe durchführen zu können. Detailliertere Anforderungen zur Personalkapazität sind im Part 21 G nicht definiert.[66]

Das Personal muss nicht nur in angemessenem Umfang zur Verfügung stehen, sondern auch entsprechend den Anforderungen des Genehmigungsumfangs qualifiziert sein.

---

[64] Vgl. AMC1 21.A.145(a) sowie EASA (2023), IR Initial Airworthiness – 21.A.139 (d)(vii).
[65] Vgl. teilweise EASA (2023) – GM1 21.A.145(a).
[66] Vgl. EASA (2023) – AMC2 21.A.145(a).

Um eine angemessene Qualifikation der Mitarbeiter sicherzustellen, muss der Herstellungsbetrieb für Kompetenzermittlung sowie Aus- und Weiterbildung ein Verfahren vorhalten. Hierzu ist ein grobes Konzept zur Personalqualifizierung und ein Prozess für den Ablauf zu dokumentieren. Die Beschreibungen müssen erkennen lassen, wie eine Erstqualifizierung (Einarbeitung) sowie die kontinuierliche Aus- und Weiterbildung sichergestellt wird. Im Sinne des PDCA-Zyklus müssen darin die folgenden Bestandteile berücksichtigt werden:[67]

- Art und Weise der anfänglichen Bewertung;
- Art und Weise regelmäßige Kompetenzkontrollen, einschließlich Feedback an die Mitarbeiter,
- Für ausgewählte Qualifikationen (z. B. NDT, Schweißen, Löten) sind anerkannte Industriestandards bei Aus- und Weiterbildung heranzuziehen[68],
- Maßnahmenergreifung bei unzureichender Leistung,
- Aufzeichnungen der Bewertung.

Das Qualifikationskonzept und die Personalplanung müssen für die Betriebsgröße sowie für den Genehmigungsumfang angemessen sein.

Parallel zur Qualifikation müssen für alle Mitarbeiter die Zuständigkeiten und Berechtigungen definiert sein (z. B. Stellenbeschreibungen, Flow-Charts, Quali-/Berechtigungsmatrix).

21.A.145(b) – Notwendige Lufttüchtigkeits- und Umweltdaten

Ein Herstellungsbetrieb muss sicherstellen, dass ihm die zur Fertigung notwendigen Entwicklungsunterlagen (Design Data) vorliegen und diese auf Anwendbarkeit prüfen. Das entsprechende Vorgehen muss in einem Verfahren beschrieben sein und Folgendes berücksichtigen:

- eine Prüfung des Freigabestatus' der Entwicklungsunterlagen (Approved Data vs. Non-Approved),
- eine Prüfung auf Angemessenheit im Hinblick auf Detaillierung sowie hinsichtlich Verständlichkeit und Bezeichnungen (Abb. 2.12).

Aus den Inhalten der Entwicklungsunterlagen muss der Herstellungsbetrieb Fertigungsunterlagen (Manufacturing Data) ableiten und am Ort der Verwendung bereitstellen.

21.A.145(c) – Führungskräfte und Mitarbeiter

Für die Durchführung seiner Aufgaben muss der Betrieb qualifiziertes Personal in einem angemessenen Umfang vorhalten. Dabei unterscheidet der Part 21/G zwischen

[67] Vgl. EASA (2023) – AMC2 21.A.145(a)(f).

[68] Vgl. EASA (2023) – AMC2 21.A.145(a)(d).

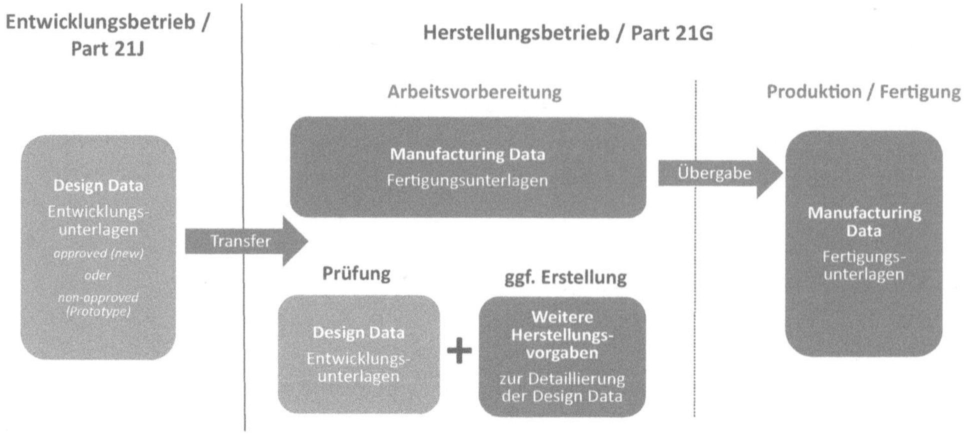

Abb. 2.12 Prozess der Dokumentenverarbeitung und -erstellung im Part 21G

- dem verantwortlichen Betriebsleiter,
- luftrechtlichen Führungskräften (Nominated Manager),
- sonstigen Mitarbeitern aller Ebenen sowie
- freigabeberechtigtem Personal im Abschn. 21.A.145 (d)

1. Verantwortlicher Betriebsleiter (Accountable Manager)
Der Betrieb hat einen verantwortlichen Betriebsleiter *(Accountable Manager)* einzusetzen, dem die luftrechtliche Gesamtverantwortung obliegt. Der Accountable Manager trägt die direkte Verantwortung für alle Abteilungen, die Teil des genehmigten Herstellungsbetriebs sind. Dies muss im Betriebshandbuch entsprechend abgebildet sein.

Der Accountable Manager muss über finanziellen Gestaltungspielraum verfügen. Dabei ist zu beachten, dass dieser faktisch, d. h. tatsächlich besteht. Es darf also nicht nur eine formale Kostenstellenverantwortung an den Accountable Manager übertragen worden sein. Der Accountable Manager muss z. B. berechtigt sein, Personal einzustellen und zu entlassen oder auch teurere Betriebsmittel anzuschaffen.

Der Accountable Manager muss von der Luftaufsichtsbehörde akzeptiert sein. Dazu prüft die Behörde die Eignung des Kandidaten, üblicherweise mittels Eignungsgespräch sowie teilweise auch mittels schriftlichem Test.

Der Accountable Manager muss in ausreichendem Umfang über die notwendigen Kenntnisse verfügen. Hierzu zählt das Wissen um

- die eigenen Befugnisse und Aufgaben:
  - Die Befugnis über finanzielle Ressourcen zu verfügen und notwendige Verbesserungen anzuordnen.
  - Die luftrechtliche Verantwortung für das betriebliche Handeln zu tragen.

  - Berechtigung geeignete Führungskräfte (Nominated Manager) ernennen und abberufen zu dürfen.
  - Verpflichtung die betriebliche Qualitäts- und Sicherheitspolitik zu fördern.
- die betrieblichen Strukturen und Kommunikations-/Reporting Wege,
- den Umfang und Status des betrieblichen Genehmigungsumfangs,
- das Regelwerk des Part 21/G.

Der verantwortliche Betriebsleiter muss nicht zwangsläufig der Geschäftsführer (CEO) sein. Jedoch muss er Teil der Geschäftsleitung sein oder eine vergleichbare Ermächtigung vorweisen können. Es wird also im Luftrecht explizit zwischen dem CEO und dem verantwortlichen Betriebsleiter unterschieden.[69]

Für den Accountable Manager ist ein Stellvertreter zu benennen und im POE zu dokumentieren. Eine LBA-Akzeptanz ist für diesen nicht erforderlich.

2. Luftrechtliche Führungskräfte
Zu den luftrechtlich relevanten Führungskräften zählen, neben dem verantwortlichen Betriebsleiter, weitere ausgewählte Führungskräfte der zweiten Hierarchieebene. Diese werden als Nominated Manager oder Nominated Persons bezeichnet.[70] Zu dieser Gruppe gehören in jedem Fall der Qualitäts- und der Safety Manager, der Produktionsleiter sowie ggf. weitere Führungskräfte, wie etwa der Logistikleiter oder der Leiter der Arbeitsvorbereitung. Die Anzahl der Nominated Manager legt der Betrieb in Rücksprache mit der Behörde fest.

Die Aufgaben und Verantwortlichkeiten der Nominated Manager müssen eindeutig und vollständig festgelegt und im POE beschrieben sein. Dies gilt insbesondere bei Mehrfachzuständigkeiten.[71] darauf zu achten, dass alle Nominated Manager dem Accountable Manager direkt unterstellt sind bzw. einen erkennbar direkten Zugang zu diesem haben.

Für alle Nominated Manager müssen Stellvertreter festgelegt und im POE aufgeführt sein.

Änderungen bei den Nominated Managern gelten luftrechtlich als signifikant und müssen der Behörde im Vorfeld mitgeteilt werden. Die Eignung dieser Führungskräfte wird von der Luftaufsichtsbehörde ebenfalls geprüft, sodass sich diese Manager vor Ernennung einem behördlichen Anerkennungsgesprächs sowie ggf. einem schriftlichen Test unterziehen müssen.[72] Nominated Manager müssen darin Wissen auf den folgenden Themengebieten nachweisen:[73]

---

[69] Vgl. EASA (2023) – GM1 21.A.145(c)(1).

[70] Der Begriff der Form 4 Halter wird nicht mehr verwendet, da das gleichnamige Ernennungsformular für diese Personen 2023 abgeschafft wurde.

[71] Vgl. EASA (2023) – AMC1 21.A.145(c)(2)(d).

[72] Eine LBA-Akzeptanz der Stellvertreter ist jedoch nicht erforderlich.

[73] Vgl. EASA (2023) – AMC1 21.A.139(c)(5)(i) sowie GM1 21.A.139(c)(5)(i).

- eigene Befugnisse, Aufgaben sowie fundiertes fachliches Wissen im Verantwortungsbereich,
- Kenntnisse der betrieblichen Verfahren und Prozesse, einschließlich Strukturen und Kommunikations-/Reporting-Wege,
- Umfang und Status des betrieblichen Genehmigungsumfangs,
- das Regelwerk des Part 21/G,
- das betriebliche Safety Management sowie Human Factors Grundlagen.

Besonderheiten beim Qualitätsmanager
Beim Qualitätsmanager[74] sieht das Luftrecht erweiterte Zuständigkeiten, Berechtigungen und Qualifikationsanforderungen vor. Dies ist darauf zurückzuführen, dass dieser die „Independent Monitoring Function" innehat. Beim Qualitätsmanager ist daher ein besonderer Blickwinkel auf dessen Unabhängigkeit zu richten.[75] Auch ist sicherzustellen, dass dieser Zugang zu allen 21/G-relevanten Betriebsbereichen hat. Dies schließt auch den jederzeitigen und kurzfristigen Zugang zu den Fertigungsstandorten der Zulieferer ein. Die Position des Qualitätsmanagers ist im Organigramm dergestalt hervorzuheben, dass diese entweder eindeutig als Stabsstelle dargestellt oder mittels gestrichelter Linie innerhalb der Linienorganisation an den Accountable Manager angebunden ist.

Notwendige Verantwortlichkeiten bzw. Befugnisse des Qualitätsmanagers sind:[76]

- Überwachung der Wirksamkeit des Produktionsmanagementsystems,
- Überwachung der Einhaltung aller Anforderungen des Part 21/G,
- Sicherstellung eines angemessenen Auditwesens,
- Korrekturen und Korrekturmaßnahmen durchzuführen bzw. sicherzustellen.

Vom Qualitätsmanager wird ein tiefgreifendes QM Wissen erwartet. Die behördlichen Akzeptanzgespräche sind daher von allen Nominated Managern die Anspruchsvollsten. Dies betrifft vor allem die Wissensabfrage

- zur Funktionsweise und den Betrieb eines Compliance Monitoring Systems,
- zur betrieblichen QM-Dokumentation,
- zu den relevanten luftrechtlichen Vorgaben und behördlichen Veröffentlichungen,
  - Implementing Rule zum Part 21/G, inkl. AMC und GM,
  - Basic Regulation,
  - Nachrichten für Luftfahrer (NfL 2) und LBA Merkblätter.

---

[74] Der Qualitätsmanager wird im Part 21 (sowie im Part 145) teilweise auch als Compliance Monitoring Manager bezeichnet, z. B. EASA (2023) – AMC1 21.A.145(c)(2)(i).

[75] Jedoch darf unter nicht spezifizierten Voraussetzungen die Position durch den Accountable Manager besetzt werden – eine angemessene Qualifikation vorausgesetzt. Vgl. EASA (2023) – AMC1 21.A.145(c)(2)(h).

[76] Vgl. EASA (2023) – AMC1 21.A.145(c)(2)(i).

Besonderheiten beim Safety Manager
Die Aufgaben und Qualifikationsanforderungen des Safety Managers sind in Abschn. 4.3 dieses Buchs beschrieben.

3. Mitarbeiter aller Ebenen
Die Qualifikationsanforderungen an ausführendes Personal sind im Part 21/G nur rudimentär beschrieben. Demnach ist sicherzustellen, dass Mitarbeiter angemessen für ihre Aufgaben qualifiziert sind. Allgemein umfasst dies

- ausreichend praktische Fähigkeiten,
- Kenntnis der erforderlichen technischen Dokumentation, die für den Tätigkeitsbereich notwendig ist (Entwicklungs- und Herstellungsvorgaben, relevante Industriestandards, etc.),
- Kenntnis der für den Tätigkeitsbereich relevanten QM-Dokumentation (Betriebshandbuch, Verfahrens- und Arbeitsanweisungen bzw. Prozessdarstellungen, Hilfsdokumente),
- betriebliche Strukturen und Abläufe, insbesondere im Hinblick auf Safety,
- Human Factors Grundlagen-Kenntnisse,[77]
- Recurrent Trainings (jobspezifisch), um Up-to-date zu bleiben, insbesondere in Hinblick auf die Produkte, die technischen Verfahren und das Safety Management System.[78]

21.A.145(d) – Freigabeberechtigtes Personal
Freigabeberechtigtes Personal (Certifying Staff) bestätigt nach Abschluss aller Herstellungsschritte die ordnungsgemäße Durchführung der Arbeiten auf Basis der Entwicklungsunterlagen. Damit trägt freigabeberechtigtes Personal innerhalb einer 21/G Organisation eine besondere Verantwortung.

Aus diesem Grund gelten für freigabeberechtigtes Personal erweiterte Qualifikationsanforderungen. Diese sind betriebsindividuell über das POE zu definieren. Art und Umfang orientieren sich am Produkt oder Bauteil bzw. dem behördlichen Genehmigungsumfang sowie der Produktionskomplexität und den Fertigungsverfahren. Das Luftrecht hat folgende Mindestanforderungen definiert:[79]

- ausreichend praktische Fähigkeiten,
- Kenntnis der erforderlichen technischen Dokumentation, die für den Tätigkeitsbereich notwendig ist,
- nachgewiesene Prüferfahrung im Rahmen des Freigabeumfangs (insb. Anwendung von Prüfprogrammen und Prüfverfahren sowie Umgang mit dem Prüfgerät und den Prüfunterlagen, z. B. ATP),

[77] Vgl. EASA (2023) – AMC2 21.A.145(a) und GM1 21.A.139(c)(5)(i).
[78] Vgl. EASA (2023) – AMC2 21.A.145(a)(g) und GM1 21.A.139(c)(5)(i).
[79] Vgl. EASA (2023) – AMC1 21.A.145(d)(1) i.V.m. AMC2 21.A.145(a).

- Kenntnisse über die betrieblichen Strukturen und Abläufe, insbesondere im Hinblick auf das Safety Management System und das Qualitätssystem (Compliance Monitoring),
- Luftrechtkenntnisse, insbesondere Part 21/G und dessen AMC und Guidance Material
- Human Factors Grundlagen-Kenntnisse,
- Recurrent-Trainings/Einweisungen im Fall von Änderungen an den freizugebenden Teilen oder bei neuen technologischen Entwicklungen (z. B. 3D-Druck, bleifreies Löten).

Dem Mitarbeiter muss für seinen Freigabeumfang eine Berechtigung erteilt und ausgehändigt werden. Da diese in Behördenaudits regelmäßig geprüft werden, müssen freigabeberechtigte Mitarbeiter ihren Berechtigungsnachweis zwar nicht stets bei sich tragen, wohl aber griffbereit haben.[80]

Über alle freigabeberechtigten Mitarbeiter sind Aufzeichnungen zu führen. Archivierungsanforderungen zum freigabeberechtigten Personal sind nicht in diesem Abschnitt, sondern in 21.A.5 geregelt.[81]

2.9 21.A.147 – Änderungen in Production Management System

Kommt es im Herstellungsbetrieb zu Änderungen mit Einfluss auf das PMS, so bedarf es einer kontrollierten Umsetzung. Entscheidend ist in diesem Rahmen, ob das PMS direkt betroffen ist oder ob es sich nur um eine kleine oder mittelbare Änderung handelt. Denn in diesem Rahmen wird zwischen signifikanten und nicht-signifikanten Änderungen unterschieden.

Werden Neuerungen als signifikant eingestuft, sind diese *vor* deren Einführung an die zuständige Luftaufsichtsbehörde zu melden und genehmigen zu lassen. Unter die Kategorie „signifikant" fallen

- Änderungen in der Produktionskapazität,
- Einsatz neuer Produktionstechnologien (z. B. 3D-Druck statt Spritzguss),
- Änderungen im PMS mit wesentlichem Einfluss auf die Produktkonformität oder -sicherheit, z. B. Änderungen von Produktions- oder Prüfverfahren, neue Maschinen, Anlagen, herstellungsrelevante Software sowie produktionsrelevante Haus- und Sicherheitstechnik,
- Änderungen in der Aufbau- oder Ablauforganisation sowie der Reportingstrukturen, insbesondere mit Blick auf das Qualitäts- oder Safety Management,
- Änderungen bei den Nominated Managern oder Wechsel des Accountable Managers,
- Räumliche Änderungen,

[80] Vgl. EASA (2023) – AMC1 21.A.145(d)(2).

[81] Siehe dort insbesondere in EASA (2023) – AMC1 21.A.5(e).

- Änderungen bei den Unterauftragnehmern (insb. In- oder Outsourcing, d. h. Änderung am Untervergabeumfang, Wechsel von Unterauftragnehmern).

Entsprechende Änderungsanträge sind mittels der EASA Form 51 online an die Behörde zu übermitteln.

Nicht-signifikante Änderungen müssen demgegenüber nicht genehmigt werden, sondern sind nur anzeigepflichtig. Sie dürfen auch nach deren Umsetzung an die Behörde übermittelt werden.

2.10 21.A.148 – Standortänderungen

Standortänderungen erfordern eine behördliche Genehmigung vor deren Umsetzung.[82] Hierbei handelt es sich um Verlagerungen der Herstellungsaktivitäten:

- in Gänze oder nur in Teilen,
- temporär oder zeitlich unbegrenzt,
- durch In- oder Outsourcing,
- durch Verlagerung innerhalb des eigenen Unternehmens oder der Unternehmensgruppe,

Standortänderungen sind systematisch mittels eines von der Behörde genehmigten Projektplans vorzubereiten und zu steuern.[83]

Sowohl die Übergangsphase als auch der Neubeginn müssen unter beherrschten Bedingungen stattfinden. Dafür sind in der Planung insbesondere die Auswirkungen (und Risiken) geplanter Arbeitsverlagerungen vorab zu bewerten. Am neuen Standort, ob intern oder extern, muss das beauftragte Leistungspaket in jedem Fall weiterhin exakt nach den vereinbarten Vorgaben abgearbeitet werden.

[82] Das Genehmigungsverfahren entspricht dem aus EASA (2023), IR Initial Airworthiness – 21.A.147.

[83] Detaillierte Anforderungen zu Art und Umfang eines solchen Projektplans finden sich in EASA (2023) – AMC 21.A.148.

2.11 21.A.149 – Übertragbarkeit

Genehmigungen als Herstellungsbetrieb sind nicht an Dritte übertragbar, z. B. durch Verkauf oder Schenkung. Eine Änderung in den Eigentumsverhältnissen ist indes möglich, gilt aber als signifikante Änderung.[84] Gleiches gilt für eine Insolvenz. In beiden Fällen ist eine Übertragung zulässig, sofern das PMS im Wesentlichen unverändert bleibt.

Eine reine Namensänderung wird zwar ebenfalls als signifikant klassifiziert, jedoch ist hier die behördliche Beantragung mit nachfolgender Umschreibung der Genehmigungsurkunde ausreichend.

2.12 21.A.151 – Genehmigungsbedingungen

Die Einhaltung der Genehmigungsbedingungen sind zwingende Voraussetzung für Erlangung und Aufrechterhaltung der Betriebsgenehmigung nach Part 21/G. Die Genehmigungsbedingungen ergeben sich aus

- den Anforderungen, die der Part 21/G an Aufbau und Ablaufstruktur des Herstellungsbetriebs stellt. Die meisten Vorgaben stammen dabei aus dem Abschnitten 21.A.139 (PMS), 21.A.143 (POE) und 21.A.145 (Ressourcen).
- dem zugelassenen Arbeitsumfang und der Capability Liste.

Die Genehmigungsbedingungen werden im betrieblichen Alltag bisweilen mit dem Akronym TOP-Voraussetzungen umschrieben.

- ***T** – Technische Voraussetzungen:* z. B. Produktionseinrichtungen, Ausrüstung + Werkzeuge vorhanden, einwandfrei, zugelassen, ggf. kalibriert, ordentliche Lagerbedingungen, akzeptable Umwelt-/Arbeitsbedingungen, technische Dokumentation vorhanden in der richtigen Revision, Material vorhanden + rückverfolgbar.
- ***O** – Organisatorische Voraussetzungen:* z. B. angemessene Aufbau- und Ablauforganisation, wirksames Qualitäts- und Safety-Managementsystem, behördliche Genehmigungen, regelwerkkonforme Vorgabedokumentation, Vorhandensein eines DO/PO Arrangements, leistungsfähiges Planungs- und Steuerungssystem.
- ***P** – Personelle Voraussetzungen:* z. B. formal ernannte Führungskräfte, qualifizierte und berechtigte Mitarbeiter, insb. auch freigabeberechtigtes Personal.

Der Betrieb muss stets sicherstellen, dass die TOP-Voraussetzungen mit Beginn eines jeden Herstellungsauftrags erfüllt werden. Mit den Arbeiten darf nicht begonnen werden, wenn die Erfüllung der TOP-Voraussetzungen nicht sichergestellt ist.

---

[84] Das Genehmigungsverfahren entspricht dem aus EASA (2023), IR Initial Airworthiness – 21.A.147.

Die Genehmigungsvoraussetzungen müssen im Übrigen auch dann eingehalten werden, wenn aktuell kein Herstellungsauftrag vorliegt.

2.13 21.A.153 – Änderungen von Genehmigungsbedingungen

Änderungen an den Genehmigungsbedingungen müssen bei der Luftaufsichtsbehörde vor deren Umsetzung beantragt werden. Erst wenn die Behörde ihre Zustimmung erteilt hat, darf mit der Umsetzung begonnen werden. Änderungsanträge erfolgen über die EASA Form 51.

Der Betrieb muss den Prozess zur Durchführung und Umsetzung von Änderungen an den Genehmigungsbedingungen als Teil des POEs beschrieben haben.

2.14 21.A.158 – Verstöße

Dieser Abschnitt beschreibt die Anforderungen, wie Betriebe bei Nicht-Einhaltung der Genehmigungsbedingungen vorzugehen haben. In der großen Mehrzahl werden Verstöße im Rahmen behördlicher Audits als Beanstandung (Finding) identifiziert.

Der Betrieb muss das Vorgehen zur Behebung von Verstößen im POE mittels Verfahren beschrieben haben. Ausgangspunkt dieses Prozesses bildet die schriftliche Mitteilung des Verstoßes durch die Behörde. Dabei klassifiziert sie die Abweichung gegen den Part 21 in eine der zwei folgenden Kategorien (vgl. Abb. 2.13):

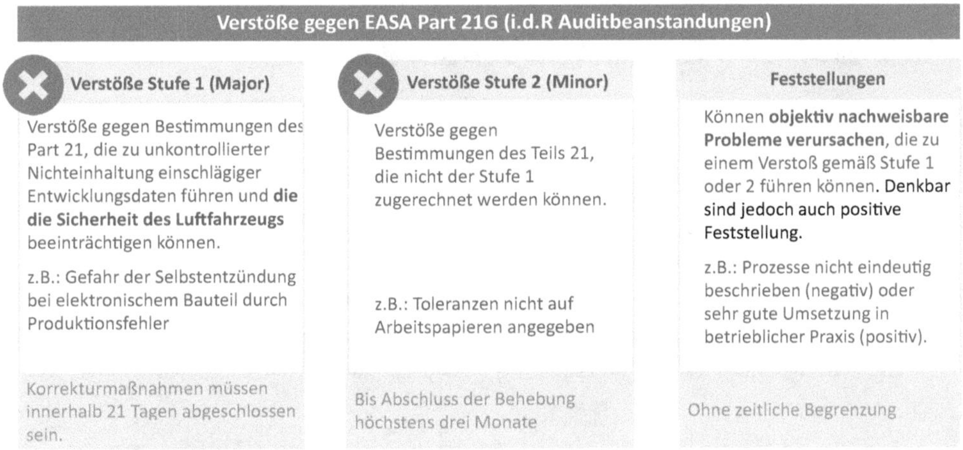

Abb. 2.13 Klassifizierung der Verstöße

- Level 1 Findings sind Verstöße mit Einfluss auf die Lufttüchtigkeit, z. B. systematische Nichteinhaltung der Designvorgaben oder des POEs mit Einfluss auf die Lufttüchtigkeit, ein vom Herstellungsbetrieb verursachter Vorfall oder Unfall, unzureichende Qualifikation des freigabeberechtigten Personals, mangelnde Betriebsausstattung.
- Level 2 Findings sind Verstöße gegen die Anforderungen des Part 21/G, die aber nicht dem Level 1 zugerechnet werden können. Hier handelt es sich um Fehler ohne möglichen Einfluss auf die Lufttüchtigkeit, z. B. Dokumentationsfehler.
- Neben den Verstößen gibt es Feststellungen (Observations). Sie können positiver oder negativer Natur sein und ziehen keine unmittelbar verpflichtende Umsetzung nach sich.

Bei einem Level 1 Finding erhält der Herstellungsbetrieb von der Behörde eine Frist von max. 21 Tagen innerhalb derer der Verstoß behoben und zurückgemeldet werden muss. Hierfür ist eine tiefgreifende Ursachenanalyse mit branchentypischen Tools- und Methoden durchzuführen.[85]

Bei einem Level 2 Finding beträgt diese Frist max. 3 Monate. Vor Ablauf der Frist kann diese auf begründeten Antrag nochmals um max. 3 Monate durch die Behörde verlängert werden.

Feststellungen erfordern keine terminierte Korrekturmaßnahme. Die Behörde wird die Feststellung jedoch beim nächsten Audit überprüfen und eine angemessene Reaktion erwarten. Somit ist mindestens eine Verbesserungsmaßnahme notwendig.

Ist der Betrieb nicht in der Lage, die Behebung eines Level 1 oder Level 2 Findings innerhalb der gesetzten Frist an die Behörde zurückzumelden, kann die Genehmigung als Herstellungsbetrieb ganz oder teilweise eingeschränkt, ausgesetzt oder widerrufen werden.[86]

2.15 21.A.159 – Laufzeit und Fortdauer

Genehmigungen als Herstellungsbetrieb werden für unbegrenzte Dauer ausgestellt. Die Genehmigung erlischt jedoch, wenn

- diese durch den Betrieb zurückgegeben wird oder
- sie durch die Behörde widerrufen wird, z. B.
  - wenn Verstöße trotz Level 1 oder 2 Finding nicht korrigiert werden,
  - der Behörde durch den Herstellungsbetrieb oder einen seiner Unterauftragnehmer die Überwachung oder Untersuchung verweigert wird.

[85] Üblicherweise mittels 8D-Reporting, ergänzt um 5-Why-, FTA-, Ishikawa-Analysen, etc. Zu Art und Umfang angemessener Root-Cause Analysen siehe auch EN 9100, Abschn. 10.2.

[86] Vgl. EASA (2023), IR Initial Airworthiness – 21.B.245.

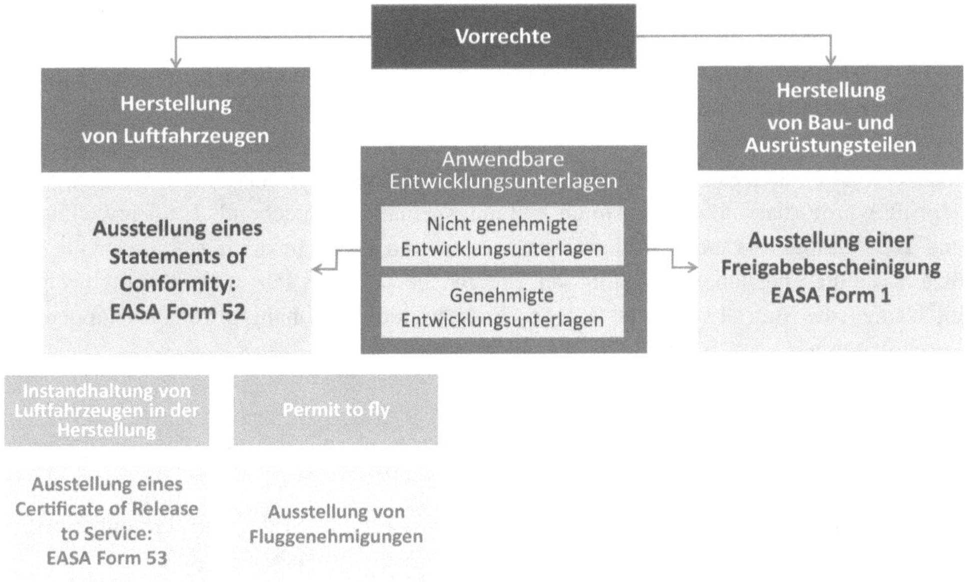

Abb. 2.14 Vorrechte eines behördlich genehmigten Herstellungsbetriebs

2.16 21.A.163 – Vorrechte

Zugelassene Herstellungsbetriebe sind berechtigt, luftfahrttechnische Erzeugnisse im Rahmen ihres Genehmigungsumfangs herzustellen *und* freizugeben (vgl. Abb. 2.14):

- im A-Rating: Herstellung vollständiger Luftfahrzeuge und Ausstellung einer Konformitätserklärung (Statement of Conformity) gemäß EASA Form 52.
- im B-Rating: Herstellung von Triebwerken, Kolbenmotoren, Hilfstriebwerken (APU's) sowie Propellern einschließlich deren Freigabe mit einer EASA Form 1 als offizielle Freigabebescheinigung.
- im C-Rating: Herstellung von Bau- und Ausrüstungsteilen und Freigabe mit einer EASA Form 1 als offizielle Freigabebescheinigung.
- im D1-Rating: Durchführung und Freigabe von Instandhaltungsmaßnahmen an eigenen Luftfahrzeugen mit einer EASA Form 53. Dies gilt nur solange es sich um fabrikneue, noch nicht ausgelieferte Luftfahrzeuge handelt. Typische Instandhaltungsaktivitäten im Rahmen der Herstellung sind z. B.[87]
  - Konservierungen, Inspektionen, usw.
  - Einarbeitung von Service Bulletins,
  - Umsetzung von Airworthiness Directives (ADs),

[87] Vgl. EASA (2023) – AMC 21.A.163(d).

  - Reparaturen,
  - Wartungsaufgaben, die sich aus Sonderflügen (z. B. Kundenflüge) ergeben.
- Im D2-Rating: Ausstellung von Fluggenehmigungen (Permit to fly)[88] für Flüge im Rahmen der Herstellung (vor Übergabe an den Kunden).

Eine Freigabe- oder Konformitätsbescheinigung darf erst dann ausgestellt werden, wenn geprüft wurde, dass alle Tätigkeiten ordnungsgemäß entsprechend den Entwicklungs- und Herstellungsvorgaben durchgeführt wurden und keine bekannten Tatbestände vorliegen, die die Flugsicherheit gefährden. Freigabeberechtigtes Personal führt die Freigabe im Namen des Betriebs aber in eigener Entscheidung unabhängig von Weisungen der Vorgesetzten aus.

2.17 21.A.165 – Pflichten der Inhaber

Dieser Abschnitt fasst nochmals die bisherigen Anforderungen des Part 21/G an Herstellungsbetriebe zusammen. Inhaber einer 21/G Genehmigung haben folgende Pflichten:

a) Führen eines POE gem. den Inhalten aus 21.A.143
b) Einhaltung der Vorgaben aus dem POE.
c) Ausführung der Herstellungsarbeiten gemäß Design Data des Entwicklungsbetriebs :
   1. *Nur: A-Rating:* Einhaltung der Design Data im Rahmen der Ausstellung einer EASA Form 52, inklusive ADs (Airworthiness Directive) sowie aller vom Entwicklungsbetrieb genehmigten Bauabweichungen (Concessions).
   2. *Nur C-Rating und B-Rating:* Einhaltung der Design-Data im Rahmen der Ausstellung einer EASA Form 1, inklusive Airworthiness Directives (ADs) sowie aller vom Entwicklungsbetrieb genehmigten Bauabweichungen.
   3. *Zusätzlich im B-Rating:* Einhaltung der Emissionsanforderungen zum Zeitpunkt der Ausstellung einer EASA Form 1 (gilt nicht für Propeller, B4-Rating).
   4. Sicherstellung, dass zugelieferte Teile ohne EASA Form 1 bei Einbau den Design Data entsprechen. Hierbei geht es um Leistungen von Unterauftragnehmern und sonstigen zugelieferten Bauteilen sowie Norm- und Standardteilen. Diese werden üblicherweise mit Certificate of Conformity (CoC) oder einem Materialzertifikat[89] geliefert.
d) Sicherstellung, dass die Zusammenarbeit mit dem zuständigen Entwicklungsbetrieb über eine Vereinbarung (DO/PO Arrangement) geregelt ist und eingehalten wird (siehe 21.A.33 b + c)

[88] Details sind in EASA (2023) – AMC 21.A.163(e) geregelt.
[89] Z. b. spezifische Prüfbescheinigungen nach DIN EN 10204 vom Typ 3.1 und Typ 3.2.

e) Nur D1-Rating: Feststellung (über EASA Form 53), dass notwendige Instandhaltungsarbeiten im Rahmen des 21/G durchgeführt wurden und dass sich das Luftfahrzeug in einem betriebssicheren Zustand befindet.
f) Nur A-Rating: Bestimmung der Flugbedingungen (Flight Conditions) als Voraussetzungen für das Ausstellen eines Permit to fly (im Eigenprüfverfahren).[90]
g) Nur D2-Rating (Permit to fly): Sicherstellung der Flugbedingungen (Flight Conditions) als Voraussetzung für die Erteilung eines Permit to fly.
h) Einhaltung aller weiteren anwendbaren Anforderungen des Part 21, jenseits des Part 21/G (insbesondere 21.A).[91]

Werden Bauteile, die bereits mit einer EASA Form 1 freigegeben wurden, nachgearbeitet oder instandgehalten, ist im Anschluss an diese Arbeiten ein re-release, d. h. die Neuausstellung der EASA Form 1 erforderlich.[92] Die Freigabe erfolgt dabei auf das gesamte Bauteil und nicht nur auf die durchgeführte Nacharbeit oder Instandhaltung. Die dazu notwendigen Arbeiten einschließlich der Freigabe dürfen ausschließlich in kontrollierter Umgebung beim freigebenden Herstellungsbetrieb (OEM) durchgeführt werden. Hierbei ist zu beachten, dass die Nacharbeit nur in einem Closed-Loop Verfahren zulässig ist und dass sich das betroffene Bauteil vor der Rücklieferung tatsächlich noch unter dem Regime der Herstellung befand. Darüber hinaus darf die Anlieferung ausschließlich über den Luftfahrzeug-Hersteller erfolgen.

Literatur

Deutsche Flugsicherung (2015) Nachrichten für Luftfahrer: Aktuelle Informationen zu den Anforderungen an Prüfer zur Abnahme von Schweißer-, Löter- und Bedienerprüfungen, sowie Prüfungen im thermischen Spritzen im Bereich der zivilen Luftfahrt. NfL: 2-89-15

Deutsches Institut für Normung e. V. (2018) DIN EN 9100:2018 – Qualitätsmanagementsysteme – Anforderungen an Organisationen der Luftfahrt, Raumfahrt und Verteidigung

EASA (2018) Easy access rules for the basic regulation. Regulation (EU) 2018/1139

EASA (2018a) SIB 2017-13R1 – Suspected unapproved parts. Safety information bulletin. Abgerufen am 22.1.2021. https://ad.easa.europa.eu/ad/2017-13R1

EASA (2019b) Embodiment of Safety Management System (SMS) requirements into Part-145 and Part 21. NPA (B) – Notice of Proposed Amendment 2019-05 (B). RMT.0251 PHASE II

EASA (2023) Part-21 (IR + AMC & GM). Easy access rules for airworthiness and environmental certification (Regulation (EU) No 748/2012), Mai 2023

EASA (2020a) FAQ n.116563. Abgerufen am 22.1.2021. https://www.easa.europa.eu/faq/116563

[90] Details eine Permit-to-fly regelt der EASA Part 21P (Permit to fly).

[91] Hierunter fallen insbesondere die Archivierung und das Occurrence Reporting (vormals 21.A.165 d. und e.), die nun nach 21.A.5 und 21.A.3A verschoben wurden.

[92] Vgl. EASA (2023) – AMC1 21.A.163(d).

EASA (2020b) POE compliance checklist. FO.POA.00015-002. Abgerufen am 22.1.2021. https://www.easa.europa.eu/system/files/dfu/approvals-and-standardisation-organisation-approvals-docs-poa-FO.POA.00015-002-POE-compliance-checklist.docx

EASA (2020c) FAQ – What is the definition of "Critical parts"? Abgerufen am 22.1.2021. https://www.easa.europa.eu/the-agency/faqs/initial-airworthiness

FAA: Advisory Circular: Techniques, and Practices – Aircraft Inspection and Repair. AC No: 43.13-1B Change 1. 1998. Abgerufen am 22.1.2021. https://www.faa.gov/documentLibrary/media/Advisory_Circular/AC_43.13-1B_w-chg1.pdf

Hinsch M (2022) Industrielles Luftfahrtmanagement, 5. Aufl. Springer, Berlin

Hinsch M (2021) Safety Management im Part 21/G ab 2021. Vortrag im Hamburg Aviation Forum. Hamburg

Luftfahrt-Bundesamt (2015) Merkblatt für genehmigte Hersteller bei der Vergabe von Arbeiten an Zulieferer. Ausgabe 1. Braunschweig

Luftfahrt-Bundesamt (2017) Merkblatt Durchführung von Arbeiten außerhalb zugelassener Einrichtungen. Ausgabe 1. Braunschweig

Luftfahrt-Bundesamt (2018) Gebührenschlüssel für die Bereiche Entwicklung, Herstellung und Instandhaltung. Abgerufen am 22.1.2021. https://www.lba.de/SharedDocs/Downloads/DE/T/T1/Gebuehrenschl%C3%BCssel_T1.pdf?__blob=publicationFile&v=1

Abschnitt A – Allgemeine Bestimmungen 3

3.1 21.A.1 – Umfang

Parallel zum Part 21/G sind für Herstellungsbetriebe noch die allgemeinen Bestimmungen des Abschnitts A anzuwenden, die für den gesamten Part 21 gelten. Darüber hinaus müssen Herstellungsbetriebe noch einige Vorgaben des Subpart Q zur Kennzeichnung beachten. Betriebe im A-Rating müssen außerdem den Subpart P für Fluggenehmigungen (Permit to fly) berücksichtigen.

3.2 21.A.2 – Erfüllung durch andere Personen als den Antragsteller oder Inhaber eines Zertifikats

Für den Part 21/G nicht relevant.

3.3 21.A.3A – Reporting System

Herstellungsbetriebe müssen ein Störungsmeldesystem (Occurrence Reporting) etabliert haben. Dieses muss Vorkommnisse, die eine Gefährdung für die Lufttüchtigkeit darstellen können, erfassen, analysieren und bewerten (Abb. 3.1). Ziel ist es, Mängel und Trends, die Risiken für die Produktsicherheit darstellen können, frühzeitig zu erkennen und zu beheben.[1]

Das Luftrecht unterscheidet hierzu zwischen einem internen und einem externen Meldesystem.

[1] Zu den Grundlegenden Anforderungen siehe für Details hierzu auch EU (2014), 376/2014 und ICAO Annex 19, Chapter 5 einschließlich Appendix III.

M. Hinsch, *Der EASA Part 21/G (Herstellung)*,
https://doi.org/10.1007/978-3-662-68179-4_3

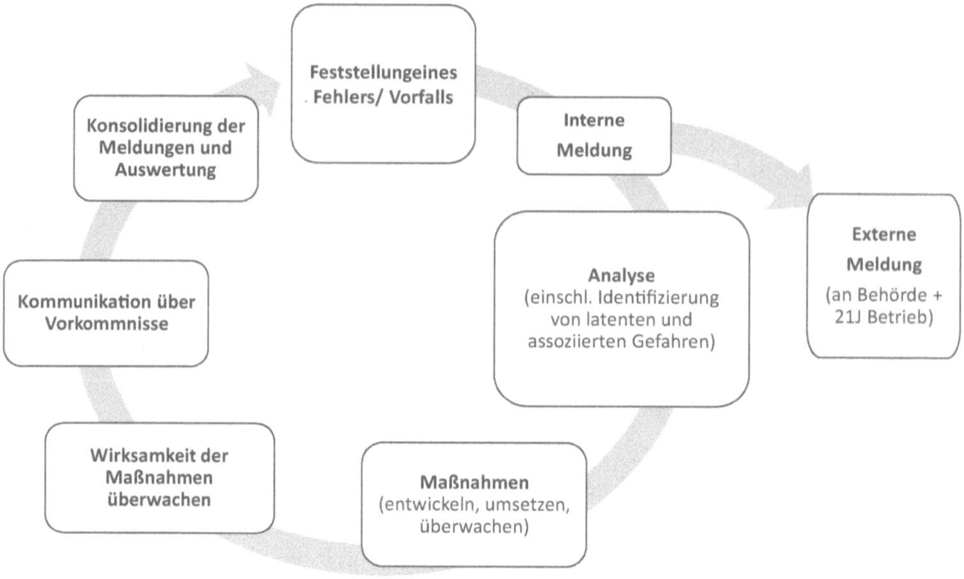

Abb. 3.1 Prozess des Occurrence Reportings[2]

Internes Meldesystem[3]

Das interne Occurrence Reporting System muss mittels eines stabilen Prozesses sicherstellen, dass Mitarbeiter sicherheitsrelevante Vorkommnisse erkennen und melden. Dabei sind nicht nur die meldepflichtigen Vorkommnisse zu erfassen. Dem internen Occurrence Reporting liegt der Gedanke von Eisberg- und Schweizer-Käse-Modell zugrunde, wonach sich über eine Reduzierung der kleinen, unauffälligen Fehler des betrieblichen Alltags auch die Anzahl der großen Vorkommnisse und Unfälle reduzieren lassen. Mitarbeiter sollen ermutigt werden, freiwillig auch die leichten Vorkommnisse intern zu melden und so die Basis für eine kontinuierliche Verbesserung zu schaffen.

Über das Meldewesen sichergestellt werden, dass

- geschehene Vorkommnisse erfasst und aufgearbeitet sowie Maßnahmen abgeleitet werden, um Wiederholungsgefahren zu vermeiden (reaktiver Ansatz),
- potenzielle Qualitäts- und Sicherheitsgefahren präventiv erkannt und frühzeitig gesteuert werden, um deren Auftreten zu verhindern (proaktiver Ansatz),
- Wechselwirkungen und die Folgen von Risikokumulierungen identifiziert werden,
- sichergestellt wird, dass Maßnahmen zur Aufrechterhaltung und Verbesserung des Sicherheitsniveaus durchgeführt werden,

[2] Vgl. Hinsch (2022, S. 377).

[3] Vgl. EASA (2023) – GM1 21.A.3A(a)(1)(ii) and (b)(1)(i).

- Wissen über sicherheitsrelevante Vorkommnisse und Risiken bei den Mitarbeitern innerhalb Organisation und ggf. in der Lieferkette bekannt gemacht werden.

In dieses Meldewesen sind auch die Unterauftragnehmer einzubinden. Hierzu ist ein Prozess abzustimmen, in dem zu meldende Vorfälle, Schnittstellen und Kommunikationskanäle festgelegt sind.[4]

Es ist auch möglich, das Meldewesen mit anderen Unternehmen zusammenzulegen.[5] Dies bietet sich insbesondere dann an, wenn Anonymität aufgrund der Betriebsgröße schwer sicherzustellen ist.

Just-Culture[6]

Die EASA fordert im Zuge des Occurrence Reportings für Meldende von Vorkommnissen eine Fehlerkultur, die

- non-punitiv, also nicht auf Bestrafung ausgerichtet ist.
- Fehler als Erkenntnisgewinn betrachtet und das Lernen daraus fordert und fördert.

Für diese Art des Fehlerumgangs verwendet die EASA den Begriff der Just Culture.[7]

Mit diesem Fehlerkultur-Ansatz soll zum einen erreicht werden, dass das Wissen über Fehler und Schwachstellen intensiver für die Verbesserung genutzt wird. Die gewonnenen Informationen dürfen ausschließlich für die Aufrechterhaltung und Verbesserung der Flugsicherheit verwendet werden, d. h. auch nicht für die Klärung von Schuld- oder Haftungsfragen.[8]

Eine Teilanonymität soll zudem sicherstellen,[9] dass nicht nur Lappalien, sondern auch die schweren Ereignisse gemeldet werden, die andernfalls möglicherweise vertuscht würden.[10]

Meldenden oder die in den Meldungen genannten Personen dürfen keine Nachteile durch die Meldungen erfahren. Nur vorsätzliches Verhalten und grobe Fahrlässigkeit dürfen disziplinarische Konsequenzen nach sich ziehen.[11] Verstoßen Betriebe gegen diesen

---

[4] Vgl. EASA (2023) – AMC1 21.A.139(c)(3) und AMC1 21.A.139(c)(3) sowie Abschn. 5.1.3 dieses Buchs.

[5] Vgl. EU (2014), 376/2014 (7).

[6] Vgl. EU (2014), 376/2014, die deutsche Übersetzung lautet Redlichkeitskultur. Die Anwendbarkeit für den Part 21 leitet sich aus Art. 4 (6) (b) ab.

[7] Vgl. EASA (2023) – GM1 21.A.3 A(a)(1) und (b)(1) (i), AMC1 21.A.139(c)(1)(b)(5)(i).

[8] Vgl. EU (2014), 376/2014 Art. 15 (2).

[9] Vgl. EU (2014), 376/2014 (34) und (35).

[10] Vgl. Hinsch (2011, S. 70 ff.).

[11] Vgl. EU (2014), 376/2014 (37): „In diesem Zusammenhang sollten Angestellte und Vertragspersonal keine Nachteile auf der Grundlage der Informationen, die sie gemäß dieser Verordnung übermittelt haben, erfahren, soweit nicht Vorsatz oder eine Situation vorliegt, in der es zu einer offenkundigen, schwerwiegenden und ernsten Missachtung eines offensichtlichen Risikos gekommen ist und ein gravierender Mangel an beruflicher Verantwortung hinsichtlich der Wahrnehmung

Grundsatz der Non-Punitivität müssen sie durch die Luftaufsichtsbehörden mit wirksamen, verhältnismäßigen, aber auch abschreckenden Sanktionen belegt werden.[12]

Die Einführung einer Just Culture bildet damit einen wesentlichen Baustein einer Safety-orientierten Fehlerkultur. Um innerbetrieblich die Glaubwürdigkeit einer solchen Unternehmensphilosophie sicherzustellen, sollen Personalvertreter[13] gemeinsam mit dem Management ein geeignetes Meldesystem entwickeln.

Nach dem Eingang der Meldung werden die Daten soweit wie möglich anonymisiert und ausgewertet. Das Management wird hier bei personellen Details außen vor gelassen. Soweit in der betrieblichen Praxis bereits umgesetzt, haben Unternehmen oft ein Verfahren eingeführt, bei dem Occurrence-Meldungen durch ein unabhängiges, innerbetriebliches Experten-Team ohne Führungskräfte gesteuert wird.

Das Team muss dabei die Pflicht haben, sich mit den Meldungen auseinanderzusetzen und dem Meldenden Feedback zu geben. Nur so findet das System Akzeptanz und die Meldenden fühlen sich ernst genommen. Ohne Feedbackschleife bestünde die Gefahr, dass die Meldenden sich nur einmal und dann nie wieder in das System einbringen würden, wenn sie nach ihren Meldungen keine Verbesserungen erkennen.[14]

Externes Meldesystem[15]

Ergänzend zum internen Occurrence Reporting muss ein Herstellungsbetrieb über Meldestrukturen verfügen, die schwere Vorkommnisse auch an die folgenden externen Akteure kommuniziert:

- die Behörde,
- den zuständigen Entwicklungsbetrieb als Halter der Musterzulassung sowie
- ggf. weitere über- bzw. untergeordnete Betriebe in der Lieferkette.

Typische schwere, extern meldepflichtige Vorkommnisse in der Herstellung sind z. B.

- Prüfung mit nonkonformen Mess-/Überwachungsmitteln an ausgelieferten Bauteilen,
- Anwendung falscher/unsicherer Fertigungsparameter bei ausgelieferten Bauteilen,
- Abweichungen von den Designdaten an ausgelieferten Bauteilen,
- Identifikation gefälschter Teile.

---

der unter den Umständen ersichtlich erforderlichen Sorgfalt vorliegt, wodurch eine Person oder Sache vorhersehbar geschädigt oder die Flugsicherheit ernsthaft gefährdet worden ist." Noch deutlicher ist die Straffreiheit für den Meldenden oder in Meldungen genannten Personen in Art. 16 (9) formuliert. Verstöße gegen diese Regel müssen durch die Luftaufsichtsbehörde mit wirksamen, verhältnismäßigen, aber auch abschreckenden Sanktionen belegt werden, vgl. Art 21.

[12] Vgl. EU (2014), 376/2014 Art. 21.

[13] Dies können Betriebsratsmitglieder oder „normale" Mitarbeiter sein.

[14] Vgl. Hinsch (2011, S. 70 ff.).

[15] Einen Leitfaden zur Mitteilung von externen Occurrence Reporting Meldungen gibt es mit dem LBA-Rundschreiben, LBA (2020).

Wenn ein meldepflichtiger Vorfall identifiziert wird, ist dieser unverzüglich, spätestens jedoch 72 Stunden nach dessen Feststellung an die zuständige Luftaufsichtsbehörde zu melden. Hierzu hat die EU eine Reporting-Plattform eingerichtet, über die sämtliche Occurrence Meldungen zu melden sind.[16] Parallel dazu ist der zuständige Entwicklungsbetrieb zu informieren, damit dieser die Auswirkungen des Fehlers aus dem Blickwinkel des Designs bewertet.

Im Anschluss besteht die Verpflichtung einer angemessenen Untersuchung. Üblicherweise erfolgt dies in enger Zusammenarbeit mit dem zuständigen Entwicklungsbetrieb. Die Ergebnisse sind dann ebenso wie die ergriffenen Korrekturen und Korrekturmaßnahmen an die Behörde zu melden.

3.4 21.A.3B – Lufttüchtigkeitsanweisungen

Lufttüchtigkeitsanweisungen (LTAs), besser bekannt unter ihrer englischen Abkürzung ADs (Airworthiness Directives), sind behördlich angeordnete Maßnahmen zur Beseitigung eines gefährlichen Zustands an einem Luftfahrzeug, einem Motor oder einer verbauten Komponente. Die Umsetzung einer AD ist zwingend vorgeschrieben. Die Luftfahrtbehörde entscheidet dann zugunsten der Veröffentlichung einer AD, wenn:[17]

- an einem Luftfahrzeug, einem Motor oder einem Bau- bzw. Ausrüstungsteil ein Mangel vorliegt, der die Lufttüchtigkeit gefährdet ***und***
- dieser Zustand auch bei anderen Luftfahrzeugen besteht oder auftreten könnte.

ADs werden von der EASA oder anderen Luftaufsichtsbehörden herausgegeben, üblicherweise in Zusammenarbeit mit dem zuständigen Entwicklungsbetrieb. Herstellungsbetriebe müssen ADs befolgen und dabei etwaige Umsetzungsfristen einhalten.

ADs sind am ehesten ein Thema für Betriebe, die im A-Rating aktiv sind. Hersteller von Bau- und Ausrüstungsteilen werden nur in Ausnahmefällen mit ADs konfrontiert und in diesem Fall durch ihren zuständigen Entwicklungsbetrieb über die zwingend durchzuführenden Maßnahmen in Kenntnis gesetzt.

3.5 21.A.4 – Koordination zwischen Entwicklung und Herstellung

Für den Part 21/G nicht relevant. Dieser Abschnitt zielt auf den Entwicklungsbetrieb.

[16] www.aviationreporting.eu

[17] Vgl. EASA (2023), IR Initial Airworthiness – Part 21–21A.3B (b).

3.6 21.A.5 – Aufzeichnungen

Eine wichtige Anforderung an Herstellungsbetriebe ist die sorgfältige Nachweisführung der Herstellungsaktivitäten. Damit verfolgt die EASA das Ziel einer angemessenen Rückverfolgbarkeit. So muss aus den Aufzeichnungen stets erkennbar sein, dass alle Herstellungsaktivitäten in Übereinstimmung mit den Entwicklungsvorgaben bzw. Fertigungsunterlagen durchgeführt wurden.

Hierzu muss der Betrieb ein Archivierungssystem vorhalten, das als Teil des POE schriftlich definiert und von der Behörde akzeptiert ist. Aus der Beschreibung müssen das Verfahren der Archivierung und die Verantwortlichkeiten hervorgehen. Im Detail sind zudem der Archivierungsort, die Ordnungsstruktur, das Archivierungsformat und die Zugangsbedingungen festzulegen.

Aufbewahrungsbedingungen[18]

Der Betrieb muss ein Archivierungssystem etablieren, das es ermöglicht, archivierte Daten (Tab. 3.1) in einem angemessenen Zeitraum wieder aufzurufen. Die EASA lässt dabei alle Archivierungsformate zu (Papier, Film, magnetische Medien, etc.). Bedingung ist jedoch, dass die Daten innerhalb der Aufbewahrungsfrist

- lesbar bleiben sowie
- vor Beschädigung,
- vor Veränderung und Manipulation sowie
- vor Verlust

geschützt werden. Um dies zu gewährleisten, muss der Zugang zu den Daten kontrolliert sein, typischerweise mittels abschließbarem Archiv oder digital gesicherten Verzeichnissen.

Aufbewahrungsfristen[19]

Die EASA unterscheidet zwischen kurz- und langfristig zu archivierenden Dokumenten.

Bei *kurzfristig* zu archivierenden Dokumenten handelt es sich um solche Aufzeichnungen, die die konforme Herstellung des Bauteils belegen. Wörtlich spricht die EASA in den GM von „production data that supports the conformity of a product, part, or appliance." Hierbei sind z. B. abgezeichnete Arbeitskarten gemeint, nicht aber Testreports, Prüfberichte oder Kalibrierberichte. Letztere sind langfristig aufzubewahrende Dokumente, weil sie nicht nur die konforme Herstellung, sondern auch die Konformität des Produkts oder Bauteils nachweisen. Die Abgrenzung ist hier nicht immer ganz einfach, jedoch will die EASA den Betrieben Entscheidungsfreiraum im Archivierungsumfang einräumen. Die Herstellungsbetriebe sollen selbst entscheiden, was für die Nachweisführung im Rahmen der

[18] Vgl. EASA (2023) – AMC1 21.A.5 und GM1 21.A.5(a) and (b).

[19] Siehe hierzu EASA (2023) – GM1 21.A.5(a) & (b) und AMC1 21.A.5

Tab. 3.1 Aufzubewahrende Dokumente gemäß GM1 21.A.5 + AMC1 21.A.5

Dokumentation zum Managementsystems	• POE • Prozessbeschreibungen, Verfahrens- und Arbeitsanweisungen, • Auditberichte, • Safety Reports und Safety Untersuchungen, • Stempelliste
Unterauftragnehmer	• QSV, • CoC, • Fertigungsunterlagen
Fertigungsunterlagen	• Arbeitskarten • Reports/Aufzeichnungen zu den Produktionsparametern • Permit to fly Unterlagen, Flight Conditions
Entwicklungsunterlagen	• Zeichnungen, Schaltpläne • Testvorgaben
FAI-Aufzeichnungen	• Testreports • FAI-Report
Prüfnachweise und Konformitätserklärungen	• EASA Form 1, EASA Form 52, • TCCA Form 1, UK CAA Form 1, FAA 8130-3, ANAC Form F-100-01, CAAC Form AAC-038, JCAB Form 18 • Testreports
Qualifikationsnachweise für Personal	• Berufsausbildungszeugnis, Diplome, etc. • Einarbeitung, On-the-Job Trainings • Schulungsnachweise • Berechtigungen

Produktkonformität relevant ist[20]. Für diese Nachweise gilt eine Aufbewahrungsfrist von mindestens 3 Jahren ab dem Ausstellungsdatum der zugehörigen EASA Form 1 oder EASA Form 52.

Bei *langfristig* zu archivierenden Dokumenten handelt es sich um lufttüchtigkeitsrelevante Nachweise. Diese umfassen z. B. die EASA Form 1 oder EASA Form 52, ausländische Freigabezertifikate sowie Konformitätszertifikate (CoC). Unter langfristig aufzubewahrende Dokumente fallen darüber hinaus "Supporting Information", die einen Beitrag leisten, um die Konformität der Teile oder des Produkts rechtzufertigen. Gemeint sind zum Beispiel Materialzertifikate, Testaufzeichnungen, Endprüfungsergebnisse, Prüfberichte usw. Die EASA verlangt hier eine Aufbewahrungsfrist bis zur Außerdienststellung des Luftfahrzeugs oder Bauteils. Da Herstellungsbetriebe i. d. R. nicht überprüfen können, ob ihre Bauteile bzw.

[20] GM1 21.A.5(a) and (b).

Produkte noch im Betrieb sind, müssen sie diese Dokumente dauerhaft ohne zeitliche Limitierung aufbewahren.[21]

Aufbewahrung bei Dokumentation des Unterauftragnehmers[22]
Es ist sicherzustellen, dass die Archivierungsanforderungen des Part 21/G auch an Unterauftragnehmer kaskadiert werden. Der Herstellungsbetrieb steht dazu in der Pflicht, gemeinsam mit seinem Unterauftragnehmer vor Eingehen der Lieferverpflichtung ein Vorgehen zur Archivierung zu definieren. Dies erfolgt üblicherweise mittels einer Qualitätssicherungsvereinbarung. Hierbei ist auch der Fall zu berücksichtigen, dass die Zusammenarbeit vor Ende des vorgeschriebenen Archivierungszeitraums aufgelöst wird.

Für die Aufbewahrung der Zulieferdokumentation bestehen zwei Optionen:

- Der Unterauftragnehmer stellt diese in Eigenverantwortung sicher. In diesem Fall ist die Einhaltung der Archivierungsanforderungen des Part 21/G während der Zusammenarbeit zu überwachen.
- Der Herstellungsbetrieb lässt sich die relevante Dokumentation mitliefern und übernimmt die Archivierung der Aufzeichnungen für seinen Unterauftragnehmer.

Archivierung von Personaldaten[23]
Auch die Archivierung der Personaldaten ist Bestandteil des Produktionsmanagementsystems. Ziel ist es, die Qualifikation der Mitarbeiter über einen längeren Zeitraum nachzuweisen. Dazu müssen die betrieblichen Aufbewahrungsanforderungen beschrieben sein. Aus Gründen des Datenschutzes ist sicherzustellen, dass neben der zuständigen Luftaufsichtsbehörde nur ein strikt begrenzter Personenkreis Zugriff auf diese Daten hat.

Die verpflichtend aufzuzeichnenden Personaldaten zeigt Abb. 3.2.

Den Mitarbeitern soll auf Anfrage Zugang zu ihren eigenen Aufzeichnungen gewährt werden.

Die Aufbewahrungsfrist für die Personaldaten beträgt mindestens 3 Jahre[24]

- über das betriebliche Ausscheiden des Mitarbeiters oder
- den Entzug der Berechtigung oder
- der Rückgabe bzw. dem Verlust der Betriebsgenehmigung.

Diese Frist gilt nur für freigabeberechtigtes Personal. Für andere 21/G-Mitarbeiter gibt es diese Vorgabe nicht. Üblicherweise wird hier eine Aufbewahrung mindestens bis zum Austritt des Mitarbeiters erwartet.

---

[21] Es sei denn, der Herstellungsbetrieb verliert das Approval. Dann müssen die Daten nur 3 Jahre aufbewahrt werden, vgl. EASA (2023) – AMC1 21.A.5 (e).

[22] Vgl. EASA (2023) – GM1 21.A.5(a) and (b).

[23] Für Details siehe EASA (2023) – AMC1 21.A.5 (d) & (e).

[24] Vgl. EASA (2023) – AMC1 21.A.5((d) & e).

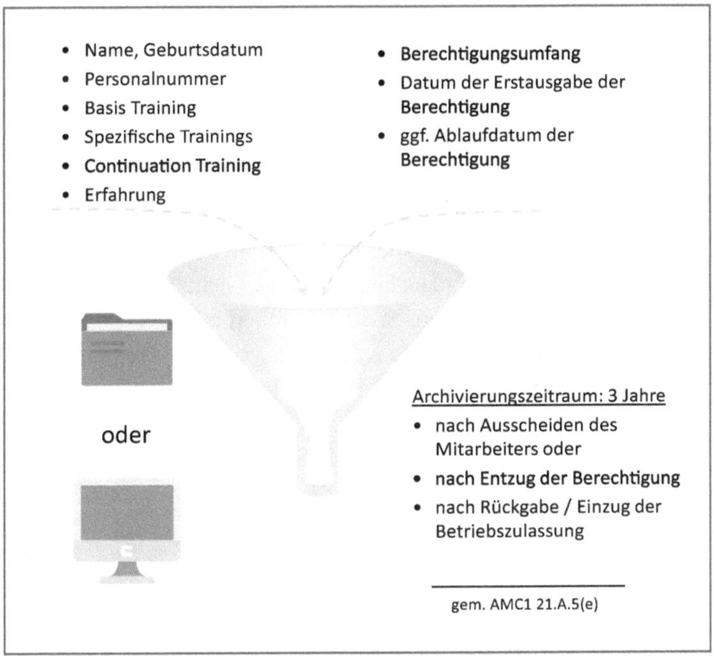

Abb. 3.2 Anforderungen an die Aufzeichnung von Mitarbeiterdaten[25]

3.7 21.A.9 – Zugang und Untersuchungen

Um die Einhaltung der Anforderungen des Part 21/G feststellen zu können, müssen Herstellungsbetriebe ihrer Luftaufsichtsbehörde die Überwachung ermöglichen. Dies können

- periodische Überwachungsaktivitäten sowie
- anlassbezogene Untersuchungen in Zusammenhang mit einem Vorkommnis sein.

Für ihre Aktivitäten muss es der Behörde erlaubt sein, Anfragen zu stellen sowie Audits, technische Untersuchungen, Nachforschungen, Inspektionen, Teilnahme an Flight- und Groundtests, etc. durchzuführen.

Für diese Aufgaben ist der Luftaufsichtsbehörde freier Zugang zu den betrieblichen Einrichtungen und zu allen Informationen während der gewöhnlichen Arbeitszeiten zu gewähren. Der Herstellungsbetrieb hat die Behörde dabei mit Räumlichkeiten, Personal und mit der Datenbereitstellung zu unterstützen.

[25] Vgl. Hinsch (2022, S. 332).

Die Erfordernis des ungehinderten Zugangs zu Räumlichkeiten und Daten sind auch in der Lieferkette weiterzureichen. Dies ist vertraglich mit Unterauftragnehmern zu fixieren (z. B. über eine QSV oder Purchase Order).[26]

Da die Behörde eine offene und transparente Zusammenarbeit anstrebt, soll der Betrieb für die Behördenaktivitäten einen Ansprechpartner benennen. Dessen Aufgabe besteht auch darin, die Behördenmitarbeiter bei Vor-Ort Besuchen im eigenen Betrieb oder bei Zulieferern zu begleiten.

Die behördliche Überwachungsintensität ist durch die EASA im Hauptabschnitt B des Part 21 geregelt.[27] Danach muss die zuständige Luftaufsichtsbehörde jeden Herstellungsbetrieb einmal im Jahr sowie alle Betriebsstätten innerhalb von 24 Monaten auditieren. Dieser Zyklus kann auf bis 48 Monate verlängert werden, wenn es die Safety- und Quality-Position des Betriebs zulässt.[28]

Literatur

Deutsches Institut für Normung e. V. (2018) DIN EN 9100:2018 – Qualitätsmanagementsysteme – Anforderungen an Organisationen der Luftfahrt, Raumfahrt und Verteidigung

European Union (EU) (2014) Regulation (EU) on the reporting, analysis and follow-up of occurrences in civil aviation. No 376/2014

EASA (2023) Part-21 (IR + AMC & GM). Easy Access Rules for Airworthiness and Environmental Certification (Regulation (EU) No 748/2012), Mai 2023

Hinsch M (2011) Anonyme Fehlerreports und Analysesysteme – Nachhaltige Qualitätsverbesserung in der Luftfahrtbranche. Industriemanagement 27(4):69–72

Hinsch M (2022) Industrielles Luftfahrtmanagement, 5. Aufl. Springer, Berlin

Luftfahrt-Bundesamt (2021) Meldung von Ereignissen durch Organisationen an das LBA. Rundschreiben des Sachgebietes B33 Ereignismeldungen. RS-B33-2021-01. Abgerufen am 22.1.2021. https://www.lba.de/SharedDocs/Downloads/DE/B/B33_Ereignismeldungen/Rundschreiben/27_RS_B33_2021_01.html;jsessionid=0AA6447477A6A4A8E9B95DF9E76DF9AB.live11293?nn=2091096

[26] Eine entsprechende Anforderung findet sich auch in der DIN EN 9100:2018 Abschn. 8.4.3 L.

[27] Vgl. EASA (2023) – AMC1 21.B.222.

[28] Vgl. EASA (2023) – AMC1 21.B.222(d).

Safety Management nach Part 21 4

4.1 Einführung

Die aktuellen Neuerungen am Part 21/G sind auf Bemühungen der ICAO zurückzuführen, Safety Management Strukturen für luftfahrttechnische Betriebe weltweit durchzusetzen. In 2013 wurde dazu der ICAO Annex 19 veröffentlicht. Nach einer weiterführenden zweiten Ausgabe zwei Jahre später starteten auch bei der EASA aktive Bemühungen, um die ICAO Anforderungen in EU-Vorgaben zu überführen. Dazu wurden im März 2022 in der Implementing Rule Initial Airworthiness umfangreiche Safety Anforderungen veröffentlicht. Die Betriebe haben bis März Anfang 2025 Zeit, die flächendeckende Verankerung des neuen Safety Managements im betrieblichen Herstellungsalltag vollständig sicherzustellen (Abb. 4.1).

Die 2022er Änderungen im Part 21 zielen vor allem auf die Einführung betrieblicher Safety Management-Systeme (SMS).

Die größten Änderungen gab es im 21.A.139, weil dort ein Großteil der Anforderungen an das Safety Management-System (SMS) untergebracht wurde. Um zu unterstreichen, dass das SMS künftig gleichberechtigt neben dem betrieblichen QM-System steht, wurden beide Systeme zum Produktionsmanagement (PMS) zusammengefasst. Wenn also vom PMS die Rede ist, so meint der Part 21/G damit das Gesamtmanagementsystem für Herstellungsbetriebe aus

- Safety Management System und
- Qualitätsmanagementsystem.

1. Entsprechend wurde der Abschn. 21.A.139 von „Qualitätssystem" zu „Produktionsmanagementsystem" umbenannt. Neben den Anpassungen im Abschn. 21.A.139 wurden

M. Hinsch, *Der EASA Part 21/G (Herstellung)*,
https://doi.org/10.1007/978-3-662-68179-4_4

Abb. 4.1 Zeitplan zur Umsetzung und Einführung des neuen Part 21/G

die Anforderungen zum Occurrence Reporting, zu Aufzeichnungen und zu Untersuchungen aus dem Part 21/G in den allgemeinen Subpart 21.A verschoben und erweitert. Das Regelwerk wurde insoweit nicht nur inhaltlich detaillierter, sondern auch neu strukturiert.

Zusammenfassend gehören die folgenden Punkte zu den wichtigsten und aufwendigsten Neuerungen:

- Festlegung von Safety Zielen,
- Definition von Safety Verantwortlichkeiten und Rollen,
- Aktive SMS Einbindung der Unterauftragnehmer und Partner,
- Einführung eines Safety Risikomanagement-Prozesses,
- Messung der Safety Leistung,
- Systematische Einbindung des Safety Managements im Zuge von Änderungen,
- Einführung eines internen Occurrence Reporting, fortan nicht mehr nur für meldepflichtige Vorkommnisse,
- Etablierung einer betrieblichen Safety Kultur,
- Sicherstellung einer systematischen Safety bezogenen Kommunikation,
- Durchführung von Trainings zum Safety Management bzw. zur Safety Orientierung.

Der Grundgedanke des SMS ist es, über die Einbeziehung von Safety-Aspekten in der Organisationsstruktur und über die Förderung einer betrieblichen Safety Kultur die Sicherheit von ausgelieferten Produkten zu verbessern. Dabei wählte die EASA erstmals einen primär produktzentrierten als einen organisations-orientierten Ansatz. Im Vordergrund steht also die Produktsicherheit und nicht wie bisher die Sicherheit bzw. Stabilität der betrieblichen Aufbau- und Ablaufstrukturen.

Ein Mehr an Produktsicherheit soll im Kern gelingen durch[1]

[1] Vgl. EASA (2019a), NPA (A) – S. 9

- Fehlerreduzierung,
- Verbesserte Transparenz durch Fehlerkommunikation sowie
- eine stärkere Einbindung der Mitarbeiter in das Thema Safety, insbesondere über das interne Occurrence Reporting und Safety Kommunikation.

Darüber hinaus erhofft sich die EASA weitere positive Auswirkungen durch das Safety Management. So soll das SMS zur Verbesserung von Produktivität und Effizienz beitragen, da die Ursachen von Produktfehlern, üblicherweise auch die Ursache von Ausschuss, Nacharbeit oder Ineffizienzen sind. Über die Messung der Safety Performance mittels Kennzahlen unterstützt ein SMS zudem die faktenbasierte Entscheidungsfindung. Dies wird es einfacher machen, Kompromisse zwischen wirtschaftlichem Druck und Sicherheitszielen zu finden und objektiv zu begründen.[2] Durch die neuen Vereinfachungen im Bereich der Mehrfachgenehmigungen wird der Administrations- und Steuerungsaufwand in den Organisationsstrukturen reduziert.

Einige Großbetriebe haben diese Vorteile bereits für sich entdeckt und setzen seit geraumer Zeit leistungsfähige Safety Management Systeme ein oder verfügen schon heute über rege genutzte interne Occurrence Reporting Strukturen.

Dennoch sind die Einführung und der Betrieb eines SMS auch mit Kosten verbunden. Das Problem dabei ist, dass sich diese im Gegensatz zum Nutzen deutlich einfacher messen lassen und auch nicht mit zeitlicher Verzögerung entstehen. Abb. 4.2 zeigt die wichtigsten Kostenarten, die eine Einführung des neuen Part 21/G in den Herstellungsbetrieben nach sich zieht. Insoweit wird die verpflichtende Einführung eines Safety Management Systems nicht mit Begeisterung in der Industrie aufgenommen werden.

Da hilft es nur wenig, dass einige Bausteine des SMS, wie etwa die Safety Kultur oder das interne Meldewesen mit gar keinen oder nur geringen Kosten verbunden sind.

Möglicherweise kann aber eine langsame, schrittweise Einführung sowie der hohe Anteil an ohnehin anfallenden Fixkosten („Eh-Da“-Kosten) dazu beitragen, dass die finanziellen Belastungen weniger ins Gewicht fallen.

[2] Vgl. EASA (2019a), NPA (A) – S. 21.

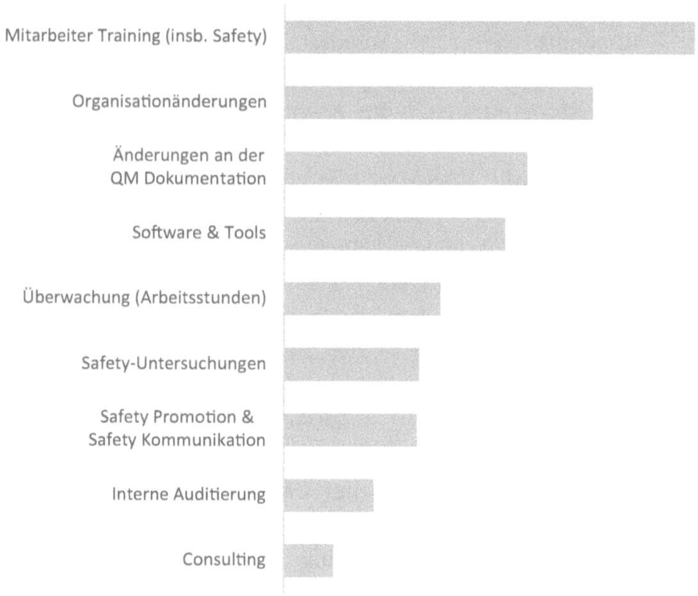

Abb. 4.2 Kosten der Einführung eines Safety Managements[3]

4.2 Grundlagen

4.2.1 Organisatorischer Rahmen des SMS[4]

Die Safety Anforderungen des Part 21/G sind in einem betrieblich formal verankerten Safety Management-System (SMS) umzusetzen.[5] Hierfür ist die Aufbau- und Ablauforganisation dezidiert auf die Sicherheit der in Verkehr gebrachten Produkte und Bauteile auszurichten.

Das Kernelement bildet dabei ein Safety Risikomanagement Prozess. Mit dessen Hilfe sollen Sicherheitsrisiken systematisch und proaktiv identifiziert und unter kontrollierten Bedingungen minimiert werden. Neben offensichtlichen Risiken sind auch latente Gefahren sowie solche, die durch Kumulierungen entstehen, zu erkennen, zu priorisieren und zu behandeln.

Neben dem Safety Risikomanagement bilden definierte Safety Rollen und Verantwortlichkeiten sowie abgestimmte Schnittstellen weitere wichtige Bestandteile des SMS.

[3] Ähnlich EASA (2019a), NPA (A) – S. 19.

[4] Vgl. EASA (2023) – GM1 21.A.139(c).

[5] Neben den Umsetzungsvorgaben aus dem GM und den AMC verweist die EASA auf die Safety Managementvorgaben des entsprechenden internationalen Industriestandards SM-0001. Vgl. ASD et al. (2022), SM-0001.

Nicht zuletzt ist das Occurrence Reporting nach 21.A.3A ein essentieller Baustein für ein leistungsfähiges Safety Management.

Diesen Elementen sind eine Safety Politik und Safety Ziele übergeordnet und dienen Führungskräften und Mitarbeitern der Orientierung.

Als Teil des Produktionsmanagementsystems ist das Safety Management mit all seinen Bestandteilen im POE zu dokumentieren.

Art und Umfang des SMS

Im Guidance Material weist die EASA darauf hin, dass sich Art und Umfang des SMS an den spezifischen betrieblichen Gegebenheiten orientieren soll, insbesondere in Hinblick auf

- Produktkritikalität,
- Komplexität der Organisationsstruktur und
- Beherrschbarkeit der Lieferkette.

Die Betriebsgröße alleine ist insoweit nicht das Kernkriterium. Auch kleinere 21/G Betriebe müssen über ein komplexeres SMS verfügen, sofern sie an der Herstellung von Produkten beteiligt sind, die erhebliche Risiken für die Flugsicherheit mit sich bringen, etwa bei Bauteilen mit hohem DAL Level.

Bei einem 21/G-Betrieb, der kritische Bauteile, wie z. B. ein Flugsteuerungssystem herstellt, wird eher ein komplexes SMS benötigt. Dies gilt umso mehr, wenn wichtige Teile von Unterauftragnehmern bezogen werden. Auch die für einen Betrieb sehr hohe Produktionsrate oder eine Herstellung im Grenzbereich des technisch machbaren, erfordern ein anspruchsvolles SMS.

Anders ist der Fall bei einem kleinen Hersteller, z. B. für Interior-Bauteile ohne unmittelbaren Einfluss auf die Flugsicherheit. Hier wird ein einfaches SMS mit simplen Überwachungsstrukturen hinsichtlich Häufigkeit, Intensität oder Abstimmung ausreichend sein. Auch darf sich das SMS auf die Betriebsbereiche beschränken, die zur Sicherheit beitragen.[6]

Bei geringer Kritikalität und Komplexität kann es genügen,[7]

- ein einfaches Modell zur Risikobewertung vorzuhalten (simple Excel-FMEA), wenn die identifizierten Gefahren leicht abzuschätzen und abzuschwächen sind.
- sich auf Expertenurteile zu begrenzen, um die die Effizienz von Sicherheitsbarrieren zu bestimmen.
- in sehr begrenztem Maß Daten, Sicherheitsinformationen und Vorkommnisse zu erheben.
- wenn die Verwaltung des SMS mit einfachen Tools wie Excel und PowerPoint erfolgt.
- dass die Kommunikationspolitik aufgrund geringer SMS-Dynamik begrenzt ist.

---

[6] Vgl. EASA (2023) – GM1 21.A.139(c).

[7] Vgl. EASA (2023) – GM1 21.A.139(c).

4.2.2 Safety Politik und Safety Ziele[8]

Herstellungsbetriebe sind verpflichtet, den eigenen Anspruch und das Selbstverständnis für Safety in einer Politik zu formulieren. Bei ihr handelt sich um Grundsätze, die aufzeigen, wie die Unternehmensleitung den eigenen Betrieb positioniert sieht („So läuft das hier bei uns") und wie dieser von den Mitarbeitern gesehen werden soll.

Die Safety Politik soll verdeutlichen, dass der Betrieb gewillt ist, wo immer möglich, angemessene Maßnahmen der Risikominimierung zu ergreifen, um das Sicherheitsniveau der ausgelieferten Produkte und Bauteile zu verbessern.

Aus der Safety Politik muss hervorgehen, dass die Unternehmensleitung einem systematischen Sicherheitsmanagement hohe Bedeutung beimisst und eine angemessene Sicherheitskultur fordert und fördert. Konkret werden über die AMC folgende Inhalte für die Safety Politik eingefordert:[9]

- Anwendung/Einhaltung aller anwendbaren Gesetze, behördlicher Vorgaben sowie sonstiger Anforderungen und Praktiken, die auf eine Verbesserung der Sicherheitsstandards abzielen,
- Bereitstellung der Ressourcen für ein leistungsfähiges Safety Management System,
- Berücksichtigung der Human Factors Grundsätze,
- Durchsetzung der betrieblichen Safety Grundsätze durch die Führungskräfte,
- Aufforderung das Personal zu ermutigen, produktionsbedingte Fehler, Zwischenfälle und Gefahren zu melden,
- Das Commitment zur Anwendung einer „Just Culture", die garantiert, dass vertrauliche/persönliche Informationen zu Vorkommnissen[10]
  - nicht in Schuldzuweisungen oder Haftungsansprüche münden, sofern die Handlungen oder Entscheidungen der Erfahrung und Ausbildung des Mitarbeiters angemessen waren,
  - nicht für andere Zwecke zu verwenden als für die Verbesserung der Flugsicherheit.

Die Safety Politik hat im betrieblichen Alltag jedoch nur dann einen Nutzen, wenn sie den Mitarbeitern bekannt gemacht und von diesen verstanden wird. Das Personal muss erkennen, dass Safety ein Thema vom Top Management ist und dieses sie „mitnehmen" will.

Die Safety Politik ist regelmäßig, d. h. im Normalfall mindestens jährlich, üblicherweise im Zuge eines Safety Reviews auf Aktualität zu überprüfen und ggf. anzupassen.

Da eine Safety Politik typischerweise eher unspezifisch formuliert ist, sind aus ihr Safety Ziele abzuleiten. Diese sollen es ermöglichen, die Leistungsfähigkeit des Safety

---

[8] Vgl. EASA (2023) – AMC1 21.A.139(c)(1) und GM1 21.A.139(c)(1).

[9] Vgl. EASA (2023) – AMC1 21.A.139(c)(1)(b).

[10] Vgl. EASA (2023) – GM1 21.A.3A(a)(1) and (b)(1) (i), AMC1 21.A.139(c)(1)(b)(5)(i), zur Just-Culture, siehe auch Kap. 4 Abschn. 21.A.3A dieses Buchs.

Managements mit messbaren Parametern (Safety KPIs) konkret zu bestimmen. Insoweit sind die Ziele und deren Angemessenheit regelmäßig zu überwachen. Die Messung und Bewertung der Safety KPIs sollte mindestens vierteljährlich erfolgen, um bei Abweichungen vom Zielwert frühzeitig gegensteuern zu können. Auch die Safety Ziele müssen innerbetrieblich bekannt gemacht werden.

4.3 Safety Verantwortlichkeiten und Rollen[11]

Unverzichtbare Voraussetzung für ein funktionierendes SMS sind eindeutig dokumentierte Rollen und Verantwortlichkeiten. Damit wird jedem Beteiligten vermittelt, welches die eigenen Aufgaben und Zuständigkeiten sind. Ein wechselseitiges Hin- und Herschieben von Verantwortlichkeiten kann so am ehesten unterbunden werden.

Daher müssen Herstellungsbetriebe jene Führungskräfte und Mitarbeiter bestimmen, die das SMS einrichten, steuern und überwachen. In diesem Rahmen sieht die EASA fünf Rollen vor:

- Den Verantwortlichen Betriebsleiter (Accountable Manager),
- Das Safety Review Board,
- Den Safety Manager,
- Die Safety Action Group, soweit angemessen,
- Die Führungskräfte und Mitarbeiter.

Alle verantwortlichen Personen und Gremien sind mit ihrem Aufgabengebiet innerhalb des SMS im Rahmen des POEs zu dokumentieren und im Betrieb bekannt zu machen.

Accountable Manager[12]
Der Accountable Manager trägt die nicht delegierbare Gesamtverantwortung für das SMS. Er bestimmt die Safety Politik und gibt die Ziele für das SMS vor. Im betrieblichen Alltag muss sich der Accountable Manager regelmäßig von der Wirksamkeit des SMS überzeugen. Für diese Aufgabe wird er vom Safety Review Board unterstützt, dessen Vorsitz er selbst führt.

Safety Review Board
Das Safety Review Board ist ein Management-Gremium, das sich mindestens aus dem Accountable Manager und den wichtigsten Führungskräften (Nominated Manager) der zweiten Hierarchieebene zusammensetzt. Aufgabe des Safety Review Boards ist es, die betrieblichen Safety Aktivitäten auf High-Level Ebene kontinuierlich zu überwachen, zu bewerten und, falls notwendig, einzugreifen, um die Wirksamkeit des Safety Management

[11] Vgl. EASA (2023) – AMC1 21.A.139(c)(2) und GM1 21.A.139(c)(2).

[12] Vgl. EASA (2023) – AMC1 21.A.139(c)(2) (b).

Systems wiederherzustellen.[13] Im Detail soll das Safety Review Board folgende Aufgaben wahrnehmen:[14]

- Überwachung der Performance gegen die Safety Ziele und die Ansprüche der Safety Politik;
- Bereitstellung der Ressourcen, um die Safety Ziele zu erreichen,
- Sicherstellung, dass die SMS Prozesse wirksam sind (Compliance Monitoring),
- Überwachung/Sicherstellung, dass angewiesene Maßnahme zeitgerecht ergriffen und im angemessenen Umfang umgesetzt werden (Wirksamkeit des PDCA Zyklus‘).

Safety Manager[15]
Der Safety Manager ist für die operative Funktionstüchtigkeit des SMS verantwortlich. Es ist somit Aufgabe eines Safety Managers das SMS im Tagesgeschäft zu koordinieren und die Abteilungen in Safety Themen zu unterstützen. Er muss die Fäden für das SMS zusammenhalten und als Schnittstelle zwischen Management und Ausführungsebene fungieren. Dabei ist es wichtig, dass der Safety Manager im Betrieb die einzige zentrale Anlaufstelle für Fragen des SMS ist.[16] Der Safety Manager soll eine Stabstelle am Accountable Manager sein und arbeitet diesem wie folgt zu:

- Beratung und Unterstützung des Accountable Managers bei der Einrichtung und der Aufrechterhaltung eines leistungsfähigen SMS,
- Erstellung eines regelmäßigen Safety Berichtswesens.

Der Safety Manager ist nicht primär dafür verantwortlich, dass das Safety Management gelebt wird. Dies ist in der Verantwortung des Accountable Managers und der Führungskräfte. In das Verantwortungsgebiet des Safety Managers fallen aber:[17]

- Unterstützung der Bereiche/Abteilungen bei der Gefahrenerkennung, der Risikobewertung und des Risikomanagements,
- Überwachung, Begleitung oder Umsetzungen von Safety Maßnahmen,
- Berichterstattung gegenüber dem Safety Review Board,

---

[13] In Ausnahmefällen kann ein genehmigter Herstellungsbetrieb auf die Einrichtung eines Safety Review Boards verzichten und die entsprechenden Aufgaben dem Safety Manager zuweisen. Dies setzt in aller Regel ein sehr einfaches Production Managementsystem und eine weitestgehend unkritische Risikogesamtlage voraus. Zudem ist für den Verzicht die Zustimmung der Behörde notwendig, Vgl. EASA (2023) – AMC1 21.A.139(c)(2) (d).

[14] Vgl. EASA (2023) – AMC1 21.A.139(c)(2) (b).

[15] Vgl. EASA (2023) – AMC 21.A.145(c)(2)(i).

[16] Vgl. EASA (2023) – GM1 21.A.139(c)(2).

[17] Vgl. EASA (2023) – AMC1 21.A.145(c)(2)(j).

- Sicherstellung, dass Safety relevante Vorgabedokumente up-to-date bereitgestellt und Nachweise geführt werden,
- Organisation bzw. Durchführung angemessener Safety-Schulungen,
- Beratung in Sicherheitsfragen,
- Steuerung interner Untersuchungen bei Vorkommnissen.

Im Hinblick auf die Qualifikation muss der Safety Manager die folgenden Kenntnisse nachweisen:[18]

- Wissen um die Anforderungen zum Safety Management seitens der ICAO und der EASA,
- Kenntnisse im Bereich von Managementsystemen, insbesondere Compliance Monitoring Systemen,
- grundlegendes Verständnis vom Risikomanagement,
- Kenntnisse zu Untersuchungsmethoden im Bereich des Safety Managements,
- Human Factors Wissen,
- Verständnis für Sicherheitskultur und dessen Verbreitung innerhalb der eigenen Wertschöpfungskette,
- operative Erfahrung im Bereich des betrieblichen Aufgabenspektrums.

Bei der Position des Safety Managers muss es sich nicht notwendigerweise um eine Vollzeitstelle handeln. Diese Stelle kann auch in Personalunion ausgeführt werden, üblicherweise in Verbindung mit der Position des Qualitätsmanagers, sofern dies keine Konflikte auslöst.[19]

Safety Action Group[20]
Die Safety Action Group ist ein Team, welches das Safety Review Board und den Safety Manager auf operativer Ebene unterstützt. Eine Safety Action Group soll also die Umsetzung von Safety Maßnahmen im betrieblichen Alltag sicherstellen und die verantwortlichen Führungskräfte entlasten. Dem Guidance Material zufolge soll die Safety Action Group folgende operative Aufgaben übernehmen:[21]

- Datenerhebung und Monitoring zum betrieblichen Safety Status,
- Analyse von Safety relevanten Vorkommnissen,
- Bewertung von Maßnahmen zur Schadensbegrenzung;
- Ableitung, Umsetzung und Überwachung von Maßnahmen zur Risikobeherrschung auf operativer Ebene,

[18] Vgl. EASA (2023) – AMC2 21.A.145(c)(2)(d).
[19] Vgl. EASA (2023) – AMC 21.A.145(c)(2)(i).
[20] Vgl. EASA (2023) – GM1 21.A.139(c)(2).
[21] Vgl. EASA (2023) – GM1 21.A.139(c)(2)(d).

- Bewertung der Auswirkungen organisatorischer Änderungen im Hinblick auf die Sicherheit;
- Projektmanagement von Safety Maßnahmen,
- Durchführung von operativer Wirksamkeitskontrollen früherer Safety Maßnahmen.

Bei der Safety Action Group kann es sich um ein ständiges Gremium oder um ein bedarfsorientiertes Adhoc-Team handeln.

Nicht jeder Betrieb muss eine Safety Action Group einrichten. Die Notwendigkeit hängt dabei von der Größe und Komplexität des Herstellungsbetriebs ab. Sinnvoll ist eine Safety Action Group vor allem dann, wenn dem Safety Manager aufgrund der Größe des Herstellungsbetriebs, Detailkenntnisse in den Abteilungen oder zu den handelnden Personen fehlen. Je größer der Herstellungsbetrieb, desto schwieriger wird das Nichtvorhandensein eines solchen Gremiums gegenüber dem zuständigen Betriebsprüfer zu begründen sein. Es muss sich dann aber nicht um ein ständig agierendes Gremium handeln. Es gibt Betriebe in denen die Safety Action Group nur bedarfsorientiert, z. B. bei besonderen Vorkommnissen, zusammenfindet.

Führungskräfte und Mitarbeiter
Die Führungskräfte sind dafür verantwortlich, dass das betriebliche Safety Management System auf operativer Ebene gelebt wird.

Die Mitarbeiter müssen die Erwartungen erfüllen und diesbezügliche Vorgaben bei der täglichen Arbeit zu beachten. Insbesondere sollen sie sicherheitsrelevante Vorkommnisse melden und die Verantwortlichen bei Erfüllung ihrer Safety Aufgaben unterstützen.

4.4 Safety Management Prozess[22]

Der Kernprozess eines SMS ist die Identifizierung von produktbezogenen Gefahren sowie die Bewertung und Steuerung, der Risiken, die davon ausgehen.[23] Dies ist ein sich regelmäßig wiederholender Prozess (vgl. Abb. 4.3). Die Verantwortlichkeit für diesen liegt beim Accountable Manager, der in der operativen Umsetzung durch das Safety Review Board, die Safety Action Group (falls eingerichtet) und den Safety Manager unterstützt wird.[24]

[22] Vgl. EASA (2023) – AMC1 21.A.139(c)(3) and (4).

[23] Zwar verlangt auch die EN 9100 in Abschn. 8.1.1 einen Risikomanagementprozess. Jedoch ist dessen Ausrichtung nicht allein sicherheitsorientiert, sondern zielt auf alle Risiken im Rahmen der Nichterfüllung der Kundenanforderungen sowie gesetzliche und behördliche Vorgaben.

[24] Vgl. EASA (2023) – GM1 21.A.139(c)(2) und AMC1 21.A.139(c)(2).

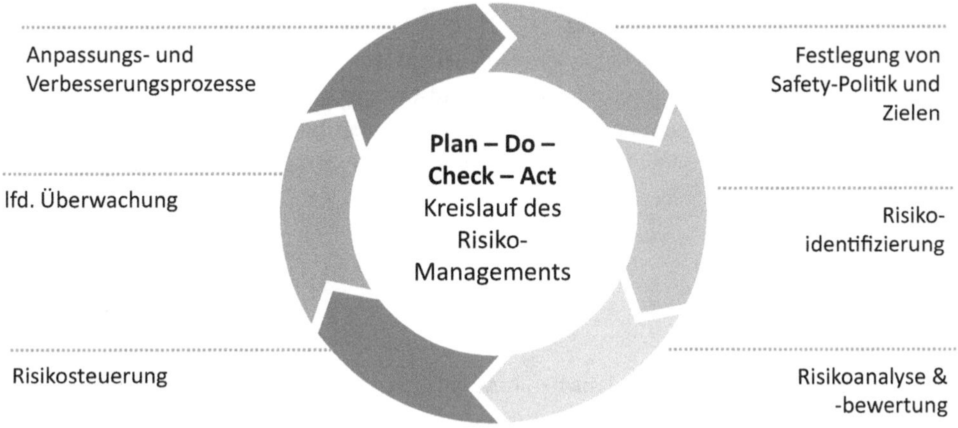

Abb. 4.3 Risikomanagement als kontinuierlicher Prozess[25]

4.4.1 Gefahren-Identifizierung[26]

Der Safety-Risikomanagement-Prozess beginnt mit einer strukturierten Identifizierung bestehender Gefahren in Hinblick auf:[27]

- Produktbedingte Verletzungen, Krankheit oder Tod von Menschen,
- Beschädigung oder Verlust eines Bauteils, eines Systems, einer Anlage oder Eigentums,
- Schädigung der Umwelt.

Die Identifizierung der produktbezogenen Gefahren bildet die Basis für alle weiteren Aktivitäten im Rahmen des folgenden Risikomanagement Prozesses. Daher ist eine vollständige Identifizierung aller Gefahren essentiell. Dabei soll sich der Blickwinkel nicht nur auf interne Gefahren richten, sondern auch die Lieferkette einbeziehen.

[25] Vgl. Hinsch (2022, S. 369).
[26] Vgl. EASA (2023) – AMC1 21.A.139(c)(3) and (4).
[27] Vgl. ICAO (2009).

Unterscheidung Gefahr und Risiko

Gefahr ist das Potenzial, Schaden zu verursachen. Bei der Überquerung einer Straße besteht die Gefahr angefahren und verletzt zu werden.

Risiko wird demgegenüber als die Möglichkeit bezeichnet, dass es zum Schaden kommt, sofern man sich der Gefahr aussetzt. Das Risiko auf einer Spielstraße angefahren und schwer verletzt zu werden, ist gering. Das Risiko beim Überqueren einer Autobahn totgefahren zu werden, ist hoch.

Ist es nicht möglich, die Gefahr zu beeinflussen (z. B. Verletzung durch Verkehrsunfall), so muss es das Ziel sein, das Risiko zu reduzieren.

Die AMC stellen zur Gefahrenidentifizierung zwei Anforderungen:

- Die Identifizierung von Gefahren muss auf aktiven und reaktiven Methoden beruhen. Der Betrieb muss also einerseits analysieren, welche Gefahren denkbar sind und andererseits darauf schauen, welche in der Vergangenheit bereits eingetreten sind.
- Es ist ein Schwerpunkt auf Nichtkonformitäten bei hergestellten Teilen und Produkten zu legen. Die Arbeitssicherheit ist zwar auch wichtig, sie bildet aber nicht den Fokus.

Es erleichtert die Identifizierung, wenn vorab Kategorien gebildet werden. Entlang dieser Cluster erfolgt im Anschluss die eigentliche Inventur der sicherheitsrelevanten Gefahren. Typische Kategorien sind z. B.

- Planung,
- Herstellungsprozesse, Arbeitsschritte,
- Fertigungsparameter/Technologie,
- Dokumentation,
- Prüfungen,
- Lieferkette,
- Personalqualifikation.

Schwachstellen im Risikomanagements des betrieblichen Alltags[28]

„Das Problem liegt darin, dass in zu vielen Unternehmen kein hinreichendes Risikomanagement etabliert ist oder dieses zu punktuell und zu reaktiv ausgerichtet ist. Zu oft werden Risikomanagementsysteme nicht mit der notwendigen Konsequenz betrieben.

[28] Vgl. Hinsch (2022, S. 371 f.).

Betriebe sind erst dann gut, wenn sie ihre Risiken sowohl gesamtbetrieblich als auch operativ in den Prozessen der Leistungserbringung proaktiv, systematisch, umfassend und nachhaltig steuern. Dazu gehört aber mehr als ein regelmäßiges Review der Risiken. Die Organisation muss ihre Strukturen konsequent auf mögliche Risiken bzw. deren Vermeidung ausrichten, u. a. durch Berücksichtigung in Zielen, Vorgabedokumentation, Formblättern, Mitarbeiterqualifikation /-training oder Intensivierung von Prüfungen und Überwachungsaktivitäten. Die notwendige Durchgängigkeit und stringente Anwendung solcher Risiko-berücksichtigender Methoden und Maßnahmen ist in der betrieblichen Praxis jedoch stark ausbaufähig.“

Peter Kohberg, ehemaliger Qualitätsleiter von Fairchild-Dornier

4.4.2 Safety Risikomanagement Prozess

Herstellungsbetriebe müssen einen dokumentierten Prozess zur Analyse und Bewertung von Safety Risiken etabliert haben. Dieser wird als Safety Risikomanagement Prozess bezeichnet. Mit dessen Hilfe sollen Risiken in ihrer Gefährlichkeit eingeordnet, bewertet und priorisiert werden, um angemessene Maßnahmen zur Risikominimierung abzuleiten.

Die Analyse ist auf Basis der Eintrittswahrscheinlichkeit und der Auswirkungen von Gefahrenquellen vorzunehmen. Die Berücksichtigung der Entdeckungswahrscheinlichkeit wird in den AMC nicht gefordert.

Eine FMEA und eine Visualisierung mittels Risikomatrix entsprechend Abb. 4.4 können hier die Systematisierung und Darstellung erleichtern. Diese Tools unterstützen auch die Bewertung der Risiken, da sie Hinweise darauf geben, wann Risikotoleranzen überschritten werden und ein aktives Gegensteuern notwendig wird. In diesem Zuge muss im Safety Risikomanagement Prozess definiert sein, wer berechtigt ist, Entscheidungen über die Tolerierbarkeit von Safety Risiken zu treffen.

Praxistipps zur Risikoklassifizierung

Im betrieblichen Alltag bereitet vielen Verantwortlichen luftfahrttechnischer Betriebe die Anwendung eines Risikomanagements einige Mühe. Auf konzeptioneller Ebene betrifft dies vor allem die Bewertung der Risiken. Bei den Verantwortlichen ist oftmals ein ausgeprägtes Bedürfnis nach exakter Quantifizierung der Risiken festzustellen. Höchste Präzision ist hier jedoch nicht notwendig und oft auch gar nicht möglich.

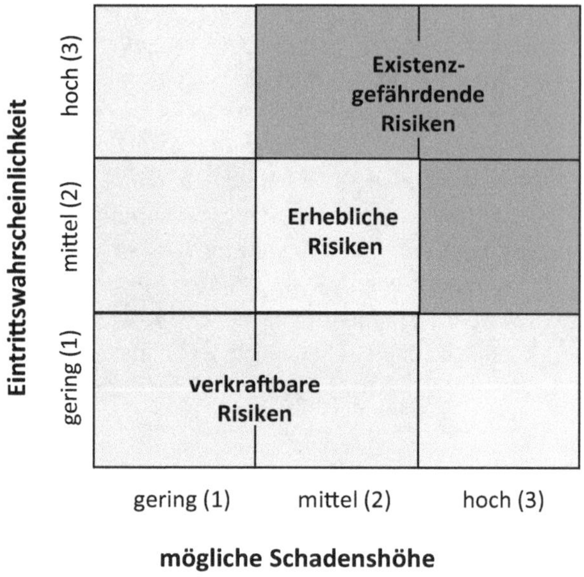

Abb. 4.4 Beispiel für eine Risikomatrix

Sinnvoll ist eine grobe Clusterung, z. B. entsprechend Abb. 4.5. Im betrieblichen Alltag ist eine Eingruppierung in solche groben Schadensgruppen genauso effektiv, aber deutlich effizienter als komplexe Lösungsmodelle, wie sie in der Entwicklung zum Einsatz kommen. Der Grund dafür ist simpel: Auch aus einer einfachen Risikoklassifizierung lassen sich solide Aussagen über Art und Umfang sowie zur Priorisierung angemessener Maßnahmen der Risikominimierung ableiten.

Entscheidend ist letztlich das aktive Handeln und nicht eine bis ins Detail ausgearbeitete theoretische Fundierung. Das Safety-Risikomanagement muss in die tägliche Arbeit integriert und über den PDCA-Zyklus konsequent angewendet werden. Dort aber liegt meist das größere Problem, was die Wirksamkeit von Risikomanagementsystemen anbelangt.

4.4.3 Messung und Überwachung der Safety Performance[29]

Die Leistungsfähigkeit des SMS kann nur dann sinnvoll beurteilt werden, wenn die Safety Aktivitäten regelmäßig anhand objektiv messbarer Bewertungsindikatoren überwacht werden. Es ist also ein ständiger Soll-Ist-Abgleich zwischen den betrieblichen Safety-Zielen und der tatsächlichen Risiko-Position nötig. Diesen Überwachungsprozess

---

[29] Vgl. EASA (2023) – AMC1 21.A.139(c)(3) and (4).

Fehlereinstufung (Eintrittswahrscheinlichkeit in Anlehnung an EASA AMC 25.1309

	Auswirkung auf Besatzung	Auswirkung auf Passagiere	Auswirkung auf das Luftfahrzeug
Marginal	Keine Auswirkung auf die operationelle Sicherheit	Geringe Beeinträchtigung	Keine Auswirkung auf die operationelle Sicherheit
Geringfügig	Keine Auswirkung auf die Flugbesatzung	Körperliche Beschwerden	Geringfügige Minderung der Funktions-tüchtigkeit
Erheblich	Geringfügige Erhöhung der Arbeitsbelastung	Körperliches Leid inkl. mögliche Verletzungen	Erhebliche Minderung der Funktionen
Gefährlich	Körperliche Beschwerden oder eine erhebliche Erhöhung der Arbeitsbelastung	Ernste oder tödliche Verletzungen an einer geringen Anzahl von Passagieren	Beträchtliche Minderung der Funktionen
Katastrophal	Körperliches Leid oder übermäßige Arbeitsbelastung & Beeinträchtigung	Mehrere Tote	In der Regel Verlust des Luftfahrzeugs

Abb. 4.5 Mögliche Risikoklassifizierung nach Auswirkungen. (In Anlehnung an EASA AMC 25.1309)

muss der Herstellungsbetrieb definieren und als Teil des SMS dokumentieren. Es müssen Verantwortlichkeiten sowie Häufigkeiten und Kennzahlen definiert sein, die den Safety Status und den Grad der Zielerreichung anzeigen. Die dazu nötigen Informationen können z. B. Prozessdaten wie Herstellungsparameter, Fehlerraten, Reklamationen, Rückläufer oder Auditergebnisse liefern. Die AMC nennen darüber hinaus:[30]

- Safety Surveys zu festgestellten Problembereichen, Abweichungen, Verbesserungspotenzialen oder Aspekte, bei denen Meinungsverschiedenheiten oder Verwirrung bestehen.
- Safety Reviews, insbesondere für Aktivitäten im Zusammenhang zum Change Management, z. B. zur Identifizierung und Bewertung sicherheitsrelevanter Auswirkungen neuer Produkte, Technologien, Betriebsmittel oder Änderungen in der Aufbau- oder Ablaufstruktur.
- Safety Audits, um die Übereinstimmung des SMS mit den gesetzlichen und behördlichen Anforderungen sowie den Status angewiesener Maßnahmen zu prüfen.
- Safety Reportings, um den Compliance Status des SMS zu bestimmen und zu bewerten.

[30] Vgl. EASA (2023) – AMC1 21.A.139(c)(3) and (4).

Die Ergebnisse der Überwachung sind dem Safety Review Board regelmäßig mitzuteilen. Im Zuge der Überwachung und Bewertung sollen nicht nur die produktbezogenen Safety Risiken im Herstellungsprozess und bei Unterauftragnehmern bewertet werden. Der Blickwinkel muss sich ebenso auf die Wirksamkeit des Safety Management Systems selbst richten (*Compliance Monitoring*).

Werden Verbesserungspotenziale, Schwachstellen oder Abweichungen von den Zielen oder Safety Vorgaben identifiziert, sind Gegensteuerungsmaßnahmen zu entwickeln, anzuweisen und umzusetzen, um so das SMS kontinuierlich zu verbessen. Um bei Abweichungen rechtzeitig gegensteuern zu können, müssen die Kennzahlen üblicherweise monatlich, maximal vierteljährlich erhoben werden.

4.4.4 Interne Untersuchungen[31]

Sobald vom Herstellungsbetrieb Vorkommnisse, Abweichungen oder Auffälligkeiten identifiziert werden, sind diese unter Berücksichtigung der betrieblichen Regeln zur Fehlerkultur (Just Culture) zu analysieren und bewerten. Solche Untersuchungen sollen sich nicht nur auf meldepflichtige Vorkommnisse beziehen, sondern auch auf sicherheitskritische Auffälligkeiten, die aus betrieblicher Sicht auffällig sind. Hierzu ist ein systematisches und dokumentiertes Verfahren, typerweise nach dem 8D oder dem 9D Vorgehen zu bestimmen. Neben einer Ursachenanalyse (Root-Cause-Analyse) und der Ableitung von Korrekturmaßnahmen muss dieses abschließende Wirksamkeitskontrollen berücksichtigen. In der Praxis ist ein funktionierender PDCA-Zyklus nachzuweisen.

4.5 Change Management[32]

Herstellungsbetriebe sind keine statischen Gebilde, sondern müssen ihre Strukturen ständig an die sich ändernden Rahmenbedingungen anpassen. Dann sind Änderungen am Managementsystem notwendig, welche in strukturierter und geplanter Weise umzusetzen sind. Hierfür ist ein Safety orientiertes Change Management einzurichten, das insbesondere die mit den Änderungen verbundenen Risiken frühzeitig minimiert bzw. unter Kontrolle hält.

Der Blickwinkel soll sich sowohl auf die offensichtlichen wie auch auf latente Gefahren richten, die sich z. B. aus Änderungen ergeben[33]

- in der Organisationsstruktur und dem Fertigungsablauf (Verantwortlichkeiten, Prozesse, Anweisungen und Richtlinien, etc.),

[31] Vgl. EASA (2023) – AMC1 21.A.139(c)(3) and (4)(d).
[32] Vgl. EASA (2023) – GM1 21.A.139(c)(4)(ii) und AMC1 21.A.139(c)(4)(ii).
[33] Vgl. EASA (2023) – GM1 21.A.139(c)(4)(ii)(b) sowie (a).

- am Personalkörper (im Qualifikationssystem oder im ArbeitszeitRegime, usw.),
- dem Faktor Mensch,
- der betrieblichen Infrastruktur (z. B. Hallen, Büros, IT, Werkstätten, Maschinen und Anlagen, Anordnung des Herstellungsprozesses),
- an den Steuerungs- und Überwachungsmethoden,
- am Genehmigungsumfang,
- durch Out- oder Insourcing von Arbeitspaketen, Wechsel von Zulieferern,
- an der Dokumentation.

Das Change Management ist in einem Prozess im Rahmen des POE festzuschreiben, welcher den bestehenden Safety Risikomanagement Prozess berücksichtigen soll. Dabei sind folgende Aspekte zu beachten:

- Die Risikobetrachtung im Change Management soll den Fokus auf die Flugsicherheit legen (d. h. nicht auf die Arbeitssicherheit).
- Art und Umfang der risikoreduzierenden Maßnahmen wird vor allem durch die Bedeutung und die Safety Kritikalität der geplanten Änderung bestimmt.
- Der Einfluss einer Änderung auf die Human Factors ist zwingend zu bewerten. Folgende Änderungen können auf die menschliche Leistungsfähigkeit wirken, zum Beispiel[34]
  - an IT-Systemen,
  - an der Ausrüstung,
  - an der Technologie,
  - im Personal,
  - in den Führungsstrukturen oder
  - in der Arbeitsorganisation.

Die Hauptverantwortlichkeit für das Change Management trägt das Team, das für die Umsetzung der Veränderung zuständig ist. Jedoch können auch weitere Stakeholder für den Erfolg einer Veränderung verantwortlich sein. Insoweit ist zu beachten, wirklich alle Beteiligten, insbesondere auch die Lieferkette, in das Change Management konzeptionell und aktiv einzubinden.

Ein besonderer Fokus ist auf die Zeitspanne der Umsetzung zu legen. Es ist nicht zulässig, das PMS im Umfeld der Änderung für diesen Zeitraum der Einfachheit halber temporär außer Kraft zu setzen. Die Sicherheitsaspekte müssen also auch während der Transition-Phase beachtet und in der Umsetzungsplanung berücksichtigt werden.

[34] Vgl. EASA (2023) – GM1 21.A.139(c)(4)(ii).

4.6 Safety Kommunikation und Safety Kultur[35]

Für die Einführung eines wirksamen Safety Management Systems braucht es mehr als nur formale Strukturen, wie Ziele und KPIs, Prozess- und Stellenbeschreibungen sowie Formblätter und Kommunikationswege. Für nachhaltigen Erfolg muss Safety Teil des betrieblichen Alltags der Mitarbeiter werden. Daher fordert die EASA eine angemessene Förderung des Safety Gedankens hin zu einer Safety Kultur.[36] Ziel ist es[37]

- eine Safety Kultur zu etablieren, um ein Umfeld zu schaffen, in dem die Erreichung der Safety Ziele gelingt,
- eine lernende Organisation aufzubauen, die nach kontinuierlicher Verbesserung strebt (Lessons Learned),
- ein für den betrieblichen Alltag akzeptiertes Safety Reporting System einzurichten,
- eine non-punitive Just Culture zu etablieren und zu leben.

Um diese Ziele zu erreichen, muss das Personal „mitgenommen" werden. Hierfür ist eine stetige Sensibilisierung der Mitarbeiter notwendig. Dies gelingt nicht allein durch eine oder wenige Schulungsmaßnahmen. Für die Förderung des Safety Gedankens nennt die EASA neben Safety Trainings daher

- regelmäßige Teammeetings, z. B. auch Lessons-Learned Besprechungen und
- Informationsaustausche, z. B. mittels Info-Mails des Safety Managers und/oder der Führungskräfte zu Safety Themen.

Diese Maßnahmen sollten dazu genutzt werden, um[38]

- das Personal über laufende Aktivitäten des Sicherheitsmanagements zu informieren,
- Risiken und analysierte Gefährdungen bekannt zu machen und daraus abgeleitete sicherheitskritische Informationen zu kommunizieren,
- Hintergründe zu ergriffenen Maßnahmen oder Änderungen am Safety Management System zu erklären.

Kontinuierlicher Informationsaustausch mit dem Personal schärft dessen Problembewusstsein für betriebliche Fehlerquellen und Gefahrenpotenziale am Produkt. Auf diese Weise gelingt es am ehesten, den Safety Gedanken in den Köpfen der Mitarbeiter zu verankern.

Wichtig für eine erfolgreiche Etablierung und Förderung einer Safety Kultur ist es, dass dies als klarer Wunsch des Accountable Managers glaubhaft kommuniziert wird.

---

[35] Vgl. EASA (2023) – AMC1 21.A.139(c)(5) und GM1 21.A.139(c)(5).

[36] Vgl. EASA (2023) – GM1 21.A.139(c)(5).

[37] Vgl. EASA (2023) – GM1 21.A.139(c)(5).

[38] Vgl. EASA (2023) – AMC1 21.A.139(c)(5) (a).

Dazu muss das Management die Safety Politik und die Safety Ziele bekannt machen und kontinuierlich in Erinnerung rufen.[39] Es muss Safety als Priorität bestimmen und die Auseinandersetzung damit fordern und fördern. Denn der Erfolg eines Safety Management Systems steht und fällt mit der Akzeptanz und dem Durchsetzungswillen des leitenden Personals.[40]

4.7 Safety Trainings[41]

Mit der Einführung des Safety Managements sind auch die Anforderungen an die Personalqualifikation gestiegen. So müssen alle Mitarbeiter nicht nur mit den betrieblichen Safety Grundlagen und den betrieblichen Safety Strukturen vertraut gemacht werden. Es ist auch ein adäquates Bewusstsein nachzuweisen. Ergänzend dazu wurde mit Einführung des Safety Managements die Bedeutung der Human Factors in der Herstellung unterstrichen.[42] Auch im Part 21 sind nun Human Factors Grundkenntnisse verpflichtend, wenngleich die Schulungsinhalte nicht wie im Part 145 im Detail festgelegt sind.[43] Die AMC fordern in diesem Zusammenhang, dass diese zielgruppengerecht in Art und Umfang festgelegt sind.

Mit diesem Maßnahme-Paket zielt die EASA darauf ab, dass die Mitarbeiter Safety-Kompetenz und ein Safety-Bewusstsein entwickeln, die ihrer Rolle und ihrer Tätigkeiten angemessen sind.

Ziel ist es, dass das Personal ein solides Verständnis für das eigene Handeln in Fragen der Sicherheit gewinnt. So müssen Mitarbeiter beurteilen können, wann Produkte die geforderten Anforderungen erfüllen oder es eben nicht tun. Sie müssen dann auch wissen, was sie zu tun haben, wenn dies nicht der Fall ist. Parallel dazu ist es auch notwendig, dass das Personal ein Verständnis dafür hat, welche Auswirkungen die Nichterfüllung von Anforderungen nach sich zieht.

Wenngleich jeder Betrieb die Inhalte ihrer Safety Trainings entsprechend der betrieblichen Belange eigenständig entwickeln soll, gibt die EASA dennoch den Rahmen vor. Die Erwartung ist, dass der Trainingsplan für jeden Mitarbeiter mindestens die folgenden Bestandteile abdeckt:[44]

- Gesetzliche Grundlagen zum Safety Management
- Aufbau und Struktur des betrieblichen Safety Managements (Prozess, Rollen & Verantwortlichkeiten,

[39] Vgl. EASA (2023) – AMC1 21.A.139(c)(1)(c).
[40] Vgl. Hinsch et al. (2011, 347 ff.).
[41] Vgl. EASA (2023) – AMC1 21.A.139(c)(5)(i) und GM1 21.A.139(c)(5)(i).
[42] Vgl. EASA (2023) – GM1 21.A.139(c)(5)(i)(b).
[43] Vgl. EASA (2023) – GM1 21.A.139(c)(5)(i)(b) sowie AMC2 21.A.145(a)(c).
[44] Vgl. EASA (2023) – GM1 21.A.139(c)(5)(i).

- Occurrence Reporting (Berichtswesen und Untersuchungen),
- Safety Ziele und KPIs,
- Vermittlung einer bzw. Stärkung der Safety Kultur,
- Grundlagen zu den Human Factors,
- Sonstige Sicherheitsthemen.

Explizit wird dazu gefordert, dass Trainer über eine angemessene Kompetenz verfügen, um dieses Thema zu vermitteln und zu promoten.

Um gegenüber der Behörde auf Nummer sicher zu gehen, sollten Erst-Schulungen in den ersten 6 Monaten nach Einstellung erfolgen. Hierauf kann verzichtet werden, wenn der Betrieb in einer (dokumentierten) Bewertung zu dem Ergebnis kommt, dass der Mitarbeiter bereits über angemessene Safety Kompetenz verfügt. Dabei ist zu berücksichtigen, dass üblicherweise mindestens eine Delta-Schulung zu den spezifischen Anforderungen des eigenen Betriebs notwendig wird. Am Ende der Personalqualifizierung muss der Mitarbeiter über ein angemessenes Safety Bewusstsein und Kenntnisse der betrieblichen SMS Strukturen verfügen. Diese Qualifikationsanforderungen gelten auch für Leiharbeitnehmer.

Neben Initial Trainings sind wiederkehrende (recurrent) Schulungen verpflichtend.[45] Deren Ziel soll es sein, Mitarbeiter hinsichtlich Änderungen am SMS up-to-date zu halten und einen innerbetrieblichen Austausch in Safety Fragen zu ermöglichen.[46] Art und Umfang der Refresher sind dabei nicht konkretisiert. Inhaltlich nehmen diese Bezug auf zurückliegende Safety-relevante Ereignisse, Audit-Findings und sonstige interne oder externe Themen zur Produktsicherheit. Refresher-Training sind nicht notwendigerweise als eigene Schulungen durchzuführen, sondern können auch in andere Qualifikationsmaßnahmen integriert werden. Dann jedoch ist eine saubere Nachvollziehbarkeit der behandelten Inhalte umso wichtiger.

Anders als in der Instandhaltung sind im Part 21/G für Recurrent Schulungen keine Zyklen formuliert. Ein Zeitraum von 2 Jahren sollte jedoch auch in der Herstellung nicht überschritten werden, um sicherzustellen, dass Safety-Themen angemessen im Bewusstsein bleiben und die Zeitabstände um über Neuigkeiten zu informieren, nicht zu groß werden.

[45] Vgl. EASA (2023) – AMC1 21.A.139(c)(5)(i).

[46] Vgl. EASA (2023) – GM1 21.A.139(c)(5)(i)(c).

Literatur

EASA (2019a) Embodiment of safety management system (SMS) requirements into Part-145 and Part 21. NPA (A) – Notice of Proposed Amendment 2019-05 (A). RMT.0251 PHASE II

EASA (2019b) Embodiment of safety management system (SMS) requirements into Part-145 and Part 21. NPA (B) – Notice of Proposed Amendment 2019-05 (B). RMT.0251 PHASE II

EASA (2023) Part-21 (IR + AMC & GM). Easy Access Rules for Airworthiness and Environmental Certification (Regulation (EU) No 748/2012), Mai 2023

Hinsch M, Olthoff J, Sommer KJ (2011) Luftfahrtbetriebliche Safety Management-Systeme als Modell für die medizinische Qualitätsverbesserung. Das Krankenhaus 4:347–354

Hinsch M (2022) Industrielles Luftfahrtmanagement, 5. Aufl. Springer, Berlin

ICAO (2009) Framework for the State Safety Programme (SSP). Appendix 1 to Chapter 8, 2. Aufl. Montréal

ASD et al. SM-0001. Implementing a safety management system in design, manufacturing and maintenance organizations. Issue B – March 31st, 2022. Abgerufen am 30.7.2023. https://www.asd-europe.org/sites/default/files/2022-08/SMS%20Standard%20SM-0001%20issue%20B_20220331.pdf

Anhang I: Übersicht EASA Formblätter

(Siehe Tab. A1).

Anhang II: Ausfüllhinweise zur EASA Form 1

Alle Eintragungen in EASA Form 1 müssen in englischer Sprache erfolgen. Alternativ können weitere Sprachen als Zusatz zum Englischen verwendet werden. Nichtzutreffende Felder sollen mit N/A (not applicable) gekennzeichnet werden (Tab. A2 und Abb. A1).

Tab. A1 Übersicht wichtiger EASA Formblätter in der Herstellung

EASA Form 1	Freigabebescheinigung für Luftfahrzeugkomponenten
EASA Form 18	Genehmigung von Flugbedingungen
EASA Form 20	Erteilung von Fluggenehmigungen
EASA Form 50	Antrag auf Genehmigung als Herstellungsbetrieb nach Part 21
EASA Form 51	Antrag auf Genehmigung von Änderungen im Herstellungsbetrieb gemäß Part 21
EASA Form 52	Konformitätserklärung für ein Luftfahrzeug
EASA Form 53	Freigabebescheinigung für Instandhaltungsarbeiten am Luftfahrzeug in der Herstellung
EASA Form 55	Genehmigungsurkunde als Herstellungsbetrieb

M. Hinsch, *Der EASA Part 21/G (Herstellung)*,
https://doi.org/10.1007/978-3-662-68179-4

Tab. A2 Ausfüllhinweise zur EASA Form 1

Block	Entries	Eintragungen
1	Competent Authority/Country e.g. LBA/Germany	Zuständige Luftfahrtbehörde/Staat z. B. LBA/Germany
2	AUTHORIZED RELEASE CERTIFICATE EASA FORM 1	FREIGABEBESCHEINIGUNG EASA FORMBLATT 1
3	Form Tracking Number	Laufende Nummer (Einmalige und eindeutige Nummer, die nach innerbetrieblichem Nummernsystem/Verfahren generiert wurde.)
4	Organisation Name and Address	Name und Anschrift des Herstellungsbetriebs (Angaben müssen identisch mit der Urkunde des Herstellungsbetriebs sein.)
5	Work Order/Contract/Invoice	Arbeitsauftrag/Bestellung/Rechnung (Referenznummer, die die Nachverfolgbarkeit zum Herstellungsauftrag ermöglicht.)
6	Item	Position
7	Part Description	Bezeichnung des Bauteils
8	Part Number	Teilenummer, keine interne Partnummer, sondern nur die Teilenummer aus den Design Data
9	Quantity	Anzahl der Teile
10	Serial Number	Serialnummer
11	Status ("PROTOTYPE" or "NEW")	Status ("PROTOTYPE" or "NEW")
12	***Remarks*** Referce to design data: e.g. "Manufactured according to Specification… Revision …." Shelf life Reference to previous EASA Form 1 Tracking No. after error detection …	***Bemerkungen*** Referenz zu Entwicklungsunterlagen: Ist immer anzugeben, um Referenz zu den Design Data zu schaffen, z. B. STC oder Zeichnungsnummer mit Rev. Status Lebenszeitbegrenzung Nach Korrektur: Verweis zur ursprünglichen EASA Form 1
13a	Mark only one option 1. approved design data 2. non-approved design data	Nur eine Auswahl möglich 1. genehmigte Entwicklungsunterlagen (beachte Übereinstimmung mit Feld 11, „NEW") 2. nicht genehmigte Entwicklungsunterlagen (geht nur bei Prototypen, beachte Übereinstimmung mit Feld 11, „PROTOTYPE")
13b	Authorised Signature	Unterschrift des freigabeberechtigten Mitarbeiters
13c	PO Approval Number	Genehmigungsnummer des Herstellungsbetriebes
13d	Name	Nachname
13e	Date	Datum, Format beachten: DD MMM YYYY
14	No entry	Keine Eintragung

<table>
<tr><td colspan="2">1. Approving Competent Authority / Country</td><td colspan="3">2. AUTHORISED RELEASE CERTIFICATE
EASA FORM 1</td><td>3. Form Tracking Number</td></tr>
<tr><td colspan="5">4. Organisation Name and Address:</td><td>5. Work Order/Contract/Invoice</td></tr>
<tr><td>6. Item</td><td>7. Description</td><td>8. Part No.</td><td>9. Qty.</td><td>10. Serial No.</td><td>11. Status/Work</td></tr>
<tr><td></td><td></td><td></td><td></td><td></td><td></td></tr>
<tr><td colspan="6">12. Remarks</td></tr>
<tr><td colspan="2">13a. Certifies that the items identified above were manufactured in conformity to:
□ approved design data and are in a condition for safe operation
□ non-approved design data specified in block 12</td><td colspan="4">14a □ Part-145.A.50 Release to Service □ Other regulation specified in block 12
Certifies that unless otherwise specified in block 12, the work identified in block 11 and described in block 12, was accomplished in accordance with Part-145 and in respect to that work the items are considered ready for release to service.</td></tr>
<tr><td>13b. Authorised Signature</td><td>13c. Approval/Authorisation Number</td><td colspan="2">14b. Authorised Signature</td><td colspan="2">14c. Certificate/Approval Ref. No.</td></tr>
<tr><td>13d. Name</td><td>13e. Date (dd mmm yyyy)</td><td colspan="2">14d. Name</td><td colspan="2">14e. Date (dd mmm yyyy)</td></tr>
<tr><td colspan="6">USER/INSTALLER RESPONSIBILITIES
This certificate does not automatically constitute authority to install the item(s).
Where the user/installer performs work in accordance with regulations of an airworthiness authority different than the airworthiness authority specified in block 1, it is essential that the user/installer ensures that his/her airworthiness authority accepts items from the airworthiness authority specified in block 1.
Statements in blocks 13a and 14a do not constitute installation certification. In all cases aircraft maintenance records must contain an installation certification issued in accordance with the national regulations by the user/installer before the aircraft may be flown.</td></tr>
</table>

EASA Form 1-21 Issue 2.

Abb. A1 EASA Form 1–21 – Issue 2

Stichwortverzeichnis

M. Hinsch, *Der EASA Part 21/G (Herstellung)*,
https://doi.org/10.1007/978-3-662-68179-4

SPRINGER NATURE

GPSR Compliance

The European Union's (EU) General Product Safety Regulation (GPSR) is a set of rules that requires consumer products to be safe and our obligations to ensure this.

If you have any concerns about our products, you can contact us on ProductSafety@springernature.com

In case Publisher is established outside the EU, the EU authorized representative is:

Springer Nature Customer Service Center GmbH
Europaplatz 3
69115 Heidelberg, Germany

Kolibri 360 GmbH
Ferdinand-Jühlke-Straße 7
99095 Erfurt, Deutschland
produktsicherheit@kolibri360.de

FSC
www.fsc.org
MIX
Papier | Fördert gute Waldnutzung
FSC® C083411

Kolibri 360 GmbH
Ferdinand-Jühlke-Straße 7
99095 Erfurt, Deutschland
produktsicherheit@kolibri360.de